U0873080

Mr.Know All

从这里，发现更宽广的世界……

髙髙 BOOKS

科学大王

多彩生活

小书虫读经典工作室 编著

天地出版社 | TIANDI PRESS

图书在版编目（CIP）数据

多彩生活 / 小书虫读经典工作室编著. — 成都 :
天地出版社，2019.7
（科学大王）
ISBN 978-7-5455-4880-8

Ⅰ. ①多… Ⅱ. ①小… Ⅲ. ①生活—知识—少儿读物
Ⅳ. ①TS976.3-49

中国版本图书馆CIP数据核字（2019）第080943号

DUOCAI SHENGHUO
多彩生活

出品人　杨　政
编　著　小书虫读经典工作室
责任编辑　李　蕊　李菁菁
装帧设计　高高国际
责任印制　董建臣

出版发行　天地出版社
（成都市槐树街2号　邮政编码：610014）
（北京市方庄芳群园3区3号　邮政编码：100078）
网　址　http://www.tiandiph.com
电子邮箱　tianditg@163.com
经　销　新华文轩出版传媒股份有限公司

印　刷　北京盛通印刷股份有限公司
版　次　2019年7月第1版
印　次　2019年7月第1次印刷
开　本　700mm×1000mm 1/16
印　张　15
字　数　240千字
定　价　49.80元
书　号　ISBN 978-7-5455-4880-8

版权所有◆违者必究

咨询电话：(028) 87734639（总编室）
购书热线：(010) 67693207（营销中心）

本版图书凡印刷、装订错误，可及时向我社营销中心调换

总序

聂震宁

一个时期以来，推广阅读特别是推广校园阅读时，推荐种类大都以文学或文史类居多，少量会有一点与科学相关，也还大都是科幻文学和科普文学作品，科学知识类图书终归很少。这不能不说是一个很大的缺憾。

重视文史特别是文学阅读，当然无可厚非——岂止是无可厚非，应当说是天经地义！“以史为鉴，可以知兴替”，读文史书的意义古人早已经说得很深刻，而读文学的意义更是难以说尽。文学是人学，是对人的灵魂和精神的洗礼，是对人的心性、品格和气质的滋养。中国近代思想家、《少年中国说》的作者梁启超先生曾经指出：“欲新一国之民，不可不先新一国之小说。故欲新道德，必新小说；欲新宗教，必新小说；欲新政治，必新小说；欲新风俗，必新小说。”中国现代文学奠基人、著名文学家鲁迅先生年轻时认识到文学可以改善人们的思想觉悟，唤醒沉睡麻木的人们，激发公民的爱国热情，因而弃医从文，写出大量唤醒民众、震撼人心的文学作品，成为五四以来新文化运动的先驱和主将。

一个人如少年儿童时期阅读到许多优秀的文学作品，必将受益终生。优秀的文学作品能帮助我们树立壮丽而远大的理想，激发我们追求真理、勇攀高峰的勇气，引导我们对人生、社会、历史以及文学艺术形成深刻的理解和体悟。文学阅读不能没有，然而，科学知识的阅读同样也不能没有。科学是关于发现、发明、创造、实践的学问。科学能帮助我们了解物质世界的现象，寻求宇宙和自然的法则，研究自然世界的规律……通过科学的方法，人类逐渐掌握了物理、化学、地质学、生物学、自然以及人文学科等各个方面的知识和规律。人类的进步离不开科技的力量。科技不仅仅承载着人类未来和探索宇宙等重大使命，也与我们的日常生活息息相关。了解必备的科技知识，掌握基本的科学方法，形成科学思维，崇尚科学精神，并掌握一定的应用能力，对于少年儿童的成长具有特别重要的作用。

然而，长期以来，我国公民的科学素质都处于较低水平。相信很多朋友都还记得，2011 年日本发生 9.0 级强地震引发核泄漏事故，竟然在我国公众中引起了一场抢购食盐的风波。更早些时候，广东和海南等地“吃了得香蕉黄叶病的香蕉会得癌症”的谣传满天飞，致使香蕉价格狂跌不已，蕉农和水果商家损失惨重。虽然事情原因比较复杂，但公民科学素质不高显然是一个重要因素。社会上时不时就会出现的因为公民科学素质不高而轻信谣言传闻的事实，也一再提醒我们，必须下大力气提高公民科学素质。

关于我国公民科学素质相对处于较低水平的说法是有依据的。公民科学素质包含具备基本科学知识、具备运用科学方法的能力、具有科学思维科学思想，同时能够运用科学技术处理社会事务、参与公共事务。按照国际普遍采用的测量标准，经过科学的调查和测量，我国公民具备科学素质的比例一直比较低，在 2005 年只有 1.60%，2010 年也只有 3.27%，2015 年提高到 6.2%，但也只相当于发达国家 20 世纪 80 年代末的水平。经过近年来各级政府大力开展科学普及工作，2018 年我国公民具备科学素质的比例达到了 8.47%，与主要发达国家在这方面的差距进一步缩短。据中国科学普及研究所预测，到 2020 年我国公民具备科学素质的比例有望超过 10%。科学素质是决定人的思维方式和行为方式的重要因素，是人们过上更加美好生活的前提，更是实施创新驱动发展战略的基础。在科技日新月异、迅猛发展的今天，科技深刻地影响着经济社会人们生活的方方面面，公民科学素质已经成为国家综合实力的重要组成部分，成为先进生产力的核心要素之一，成为影响社会稳定和国计民生的直接因素。提高我国公民的科学素质，应当成为当前的一项紧迫任务。

"科学大王"系列科普图书就是为着提高我国的公民科学素质特别是少年儿童的科学素质而编著出版的。

"科学大王"系列科普图书由小书虫读经典工作室编著。整套图书共 10 本，分别为《植物大观》《动物传奇》《宇宙印象》《文明起源》《探险风云》《魅力科学》《我爱发明》《多彩生活》《生命奥妙》《神奇地球》等。

"科学大王"系列科普图书的编著者清晰认识到，这是一套面向中国少年儿童读者的科学普及读物，应当在以下几个方面明确编著的思路和精心的设计。

首先，编著者主张着眼中国、放眼世界，编著的内容既要适合中国的少年儿童阅读，又要具有世界眼光，选题严格把控，既认真参考发达国家同年龄阶段科学教育的课程内容，又从中国少年儿童的阅读认知实际出发。

其次，编著者要求主题集中，每本书系统介绍相关主题，让读者集中掌握相关知识，在一定程度上达到专业知识完备的要求。

第三，鉴于青少年学习的兴趣需要培养和引导，编著者在坚持科学知识准确的前提下，努力让素材生活化、趣味化。科学并不是摆放在神坛上供人膜拜的圣物，而是需要通过一个个生动问题的解决来体现的。编著者希望这套图书既能够丰富少年儿童的课外阅读，让他们在快乐阅读中获取知识，又能帮助老师和父母辅导他们的课堂学习，激发他们发奋学习、勇攀高峰的兴趣和勇气。

第四，编著者力争做到科学知识与人文关怀并重。无论是书中问题的设计还是语言的表达，都要注意到体现正确的价值观、健康的道德情操和良好的审美趣味，要有利于培养少年儿童的大能力、大视野、大素质。

此外，这套图书在装帧设计和印制上下了很大功夫。装帧设计努力做到科学与艺术的有机结合，插图追求精美有趣。由于采用了高品质的纸张和全彩印刷，整套图书本本高品质，令人赏心悦目，足以让少年儿童读者在学习科学知识的同时也能得到美的享受。

在我国全民阅读特别是校园阅读蓬勃开展的今天，“科学大王”系列科普图书的出版无疑是一件值得肯定的好事。在阅读活动中，推广文史类特别是文学图书的阅读，将有利于提高公民特别是少年儿童的人文素质，而推广科技知识类图书的阅读，则将有利于提高公民特别是少年儿童的科学素质。国家要富强，民族要振兴，公民这两大素质是不可缺少的。

（聂震宁，编审，博士研究生导师，第十、十一、十二届全国政协委员，中国作家协会会员，中国出版集团公司原总裁，现任韬奋基金会理事长、中国出版协会副理事长）

推荐序

何　彦

上个世纪的七八十年代，我在读小学和中学。那个时候信息与资料还比较匮乏，知识普及类图书不多，但这没有影响孩子们对自然科学和人文科学的好奇与热情。我和我的小伙伴们读着《十万个为什么》、《上下五千年》、叶永烈的科幻小说、大科学家们的故事……我们景仰着牛顿、爱迪生、居里夫人、华罗庚、陈景润……憧憬着国家实现现代化的美好蓝图，我们被知识激励，被科学家、历史学家引领，在不断学习中终于成为一个博学、有底蕴、眼界宽广的人。

几十年过去，出版、互联网和人工智能的发展进步使得知识的普及与传播出现了量与质的飞跃。现在的孩子们是幸运的，他们面对着更为多元的知识和优质的学习渠道。但是，个人的时间是有限的，知识传播也呈现出碎片化的倾向，如何让这个时代的青少年全面、有效地对自然科学和人文科学有一个整体的认识，已经成了今天科普出版的重大难题。

因此，我很高兴能够看到这套《科学大王》的付梓。它选材丰富全面，但不是机械地堆砌知识，而是引导青少年读者在欣赏一个个美妙的知识细节的过程中，逐渐形成对事物整体的把握。孩子们会看到整个世界就像一个活泼的生命，它多姿多彩，千变万化，有着无尽的可能，让他们由衷地好奇、赞叹，希望亲自去探索。

人类既生活在宇宙空间里，也生活在历史中。我们来自空间和历史，也改变着空间和历史。在这套丛书里，孩子们通过对历史的了解，对科技发展的认识，不仅可以看到人类一路走来的艰辛，也可以看到人类的伟大意志和力量，并思索人类应该肩负的责任。这套丛书在传播知识的同时，也带给孩子们价值观和梦想的启迪。

培根说："知识就是力量。"好的书籍就像接力棒，把人类知识的力量一代一代地传递下去！

（何彦，清华大学化学系教授、博士生导师）

CONTENTS

目录

第一章
你不了解的色彩世界

第二章
我们的生活充满色彩

第三章
生命的颜色妙不可言

第四章 给文化点“颜色”看看

第五章
关于吃喝的那些事

第六章
假如生活中没有数字

第七章
什么是时间

第八章
离不开的奇形怪状

第一章

你不了解的色彩世界

睁开眼睛，迎接我们的是这个五彩斑斓、光芒四射的世界：红花、绿叶、蓝天、白云……自然风景浓妆淡抹总相宜；棕色的巧克力、红色的山楂、青翠的菠菜、白色的米饭……舌尖上的记忆也是色味俱全。色彩不是安静或僵硬的，而是流动的，充溢着无限的魅力与奥秘。那么，色彩的真谛是什么？色彩与光有什么关系？物体为什么能呈现出这样或那样的色彩？这一切真让人好奇。要回答这些问题，首先我们需要了解一下色彩和光的关系。

我们看到的颜色是物体本身的颜色吗

在有光的情况下，我们能轻易地看到物体呈现的各种各样的颜色，比如说，红色的花朵、绿色的叶子、黄色的沙子等。这些五颜六色的物体它们本身就是这样的颜色吗？

可能有的人会觉得的确是这样的，因为我们在画画的时候需要什么颜色就会使用什么颜色的颜料。实际上，我们都被神奇的世界欺骗了！我们看到的颜色并不是物体本身的颜色。

你可能会好奇了，我们看到的物体的颜色到底是什么呢？我们看到物体是因为光照射在物体上，而物体又对光进行了反射，我们的眼睛接收到这些光线，通过眼睛里视杆细胞和视锥细胞的配合，得以分辨出物体的色彩。所以，我们所看到的颜色与物体所反射的光有关系。

实际上，因为太阳光是由多种色彩的光混合而成的，照射在一个不透明的物体上，一部分波段的光被物体吸收了，而有一些波段的光不能被吸收，物体反射这部分光并且被人眼捕捉，这部分被反射的光的颜色就是我们所看到的颜色。我们所看到的绿色的叶子恰恰是因为它不能够吸收绿光，而将绿光反射出去。对于透明物体而言，我们所看到的颜色则是由它所能透过的光的颜色决定。例如，红色的透明物只能透过红光，我们看到的颜色就是红色的。

所以说，我们看到的颜色并非物体本身的颜色，而与这个物体是否透明，以及其反射或者透过的光的颜色密切相关。

▲ 我们看到的颜色并非物体本身的颜色

▼ 太阳光是由多种色彩混合而成的

物体为什么会呈现出不同的色彩

当我们思考物体为什么会呈现出不同的色彩时，就必须回到一个基本的问题，就是它所反射或者透过的光的颜色。

对于自身会发光的物体，比如太阳、灯，它们的颜色与它们发出的光的波段密切相关。也就是说，不同波段的光能够呈现出不同的颜色，对于太阳光而言，波长较长的光偏向红色，而波长短的光则偏向紫色。

实际上，大多数的物体它们自身是不会发光的，我们之所以能够在茫茫宇宙中辨识到它们，就是因为它们可以反射光，可以反射光源发出的光线而决定其颜色的是它们所反射的光的频率。因为它们能够反射不同频率的光，所以这些物体就可以显现不同的颜色，从而使这个世界呈现出五彩缤纷的模样。白色的物体是因为它反射所有的光，而黑色的物体则是因为吸收了所有的光。

对于透光的物体来说，它呈现的颜色就是透过的光的颜色。比如透过黄色的滤光片，我们只能看见黄色的片子，是因为它可以使黄色的光透过去，而吸收了黄光之外的光。那么透明的玻璃为什么没有颜色呢？因为它透过了所有频率的光。

▲▼ 波长较长的光偏向红色；白色的物体反射了所有的光，而黑色的物体则吸收了所有的光

七色彩虹中为什么没有黑色

每次雨后，我们都急迫地去寻找彩虹，那如同拱桥一样的彩虹，色彩缤纷而神奇，是美好的象征，有很多关于彩虹的美丽的童话故事。彩虹有七种色彩，从外到内分别为：红、橙、黄、绿、蓝、靛、紫，我们也常称之为“赤橙黄绿青蓝紫”。那么，为什么彩虹是由这七种颜色组成的呢？为什么其中没有黑色呢？

要想回答这个问题，我们首先要对彩虹有一个基本的认识。

▼ 七色彩虹

彩虹并不是单纯的景色，它其实是一种光学现象，也是气象学上的一种景象。我们平时看到彩虹大多是雨过天晴时，这个时候空气很潮湿，有很多小而透明的水滴飘浮在大气层中，就像无数个三棱镜一样，刚刚露出笑脸的太阳发出的光照射在这些小水滴上后被反射和折射，然后天空中就会呈现出如桥般的七色彩虹。也就是说，这七色彩虹与太阳光密切相关。太阳光是一种复色光，其可见光部分是由七种单色光混合而成，它们的波长范围为 400 ~ 760 纳米，这个范围中光的颜色随波长的减小分别为红、橙、黄、绿、蓝、靛、紫。当太阳光照射到水滴上，作为复色光的太阳光被分解折射，呈现出的颜色就是之前混合为太阳光的七种色彩。而这七种色彩中是没有黑色的，所以说，七色彩虹中是不可能出现黑色的。

根据这个原理，彩虹其实也可以人工制造出来。

你知道色彩在不同领域所具有的不同含义吗

其实，当我们谈到色彩的时候，总有一个参照系，尤其是对不同领域的专业人员来说，他们眼中的“色彩”可能与我们普通人的感受是不一样的呢。当然，这并不是说，我们看到的蓝色的东西，在他们眼中变成了绿色或者红色，而是色彩从不同的角度来理解，就有了不同的含义。

▲ 色彩心理学

▼ 光的折射

一般认为，关于色彩有四种不同的定义。

第一种是化学家眼中的色彩。化学家对色彩的理解与他们所接触到的物质有很大的关系。比如说染料、油漆、颜料等，它们被化学家看作色彩的物质载体。

第二种是物理学家眼中的色彩。他们主要从物理学的分支——光学的角度来看待色彩。物理学家所说的色彩是光线的颜色。

第三种是心理学家眼中的色彩。色彩不再是视觉上的感受，更多的则是心理上的意识。色彩具有了形容词的特征，透过简单的色彩，我们能够读出更多有意味的东西，比如说红色在心理学家眼中可能暗示着热情、激昂与成功，黑色则令人产生神秘而阴冷的感觉。你想想，我们看到不同的色彩时，是不是会产生不一样的心情呢？

第四种是生理学家眼中的色彩。不同的色彩会引起身体不同的感受，而这种感受与心理好像有着千丝万缕的联系哦！

也就是说，在不同的领域，从不同的角度来看色彩，人们赋予色彩的含义是不一样的。

怎么来区别色彩

或许，当我们说到色彩的属性时，很多人会觉得无聊，但是如果你知道，世界上那么多色彩，都是通过“色彩三要素”综合

▲ 饱和度的高与低

起来的时候，就会体会到其中的神奇与趣味！

构成色彩的三种重要的属性是明度、色相与饱和度。其实它们也没有那么难理解，看字面意思，我们就能大致猜出它们的含义。其中，明度主要是指色彩的亮或者暗的程度，比如说，黄色的明度就比紫色的明度高，明度低的色彩还会让人产生压抑的感觉呢。而色相是色彩三要素中最重要的特征。色相即色彩所呈现出来的质的面貌，是区别不同色彩最准确、最常用的标准。色彩有红、橙、黄、绿、蓝、紫等基本色相。当然，柠檬黄、靛蓝等也属于色相范畴。色彩的第三种属性是饱和度。饱和度其实也称为彩度。你想想，那些饱满而灵动的色彩，比如明黄、青绿等，是不是一般都比较鲜艳生动呢？而那些比较灰暗的色彩，例如枣红、橄榄绿等，是不是没有那么鲜艳动人呢？没错，这就是饱和度的差别！

这三种属性对于色彩而言，也不完全是缺一不可的。

小贴士

相近的颜色，要知道它们之间有什么区别，只要看看各自的明度、色相、饱和度这三个属性就好了。

三原色就是指红、黄、蓝吗

在我们日常生活当中，经常听到“三原色”的说法，顾名思义，就是“三种基本原色”。所谓原色是指不能通过其他颜色的混合调配而得出的“基本色”。以不同比例将原色混合，可以产生出其他的新颜色。那么，三原色到底是哪三种基本颜色呢？

实际上，并不存在一个明确的答案。也就是说，对于“三原色”到底是哪三种颜色，需要具体问题具体分析。它在不同领域中有着不同的颜色规定。

按照材料或者领域来划分，大致可以分为色光三原色、颜料三原色、印刷三原色和彩电三原色。

所谓色光三原色是光学领域的三种基本原色，即红、绿、蓝。其中两两混合可以得到更亮的中间色：黄、青、品红，而三

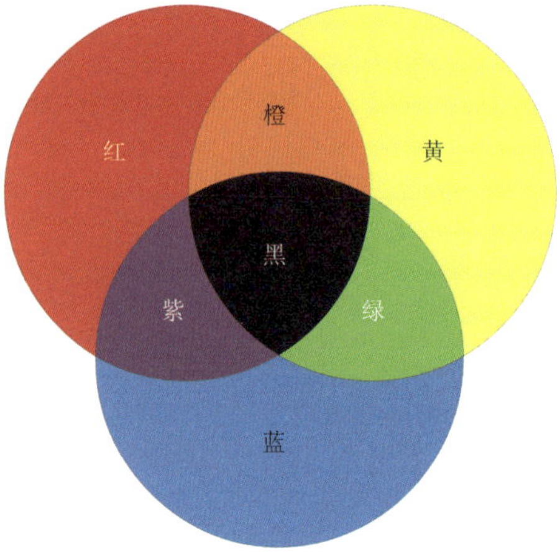

颜料三原色

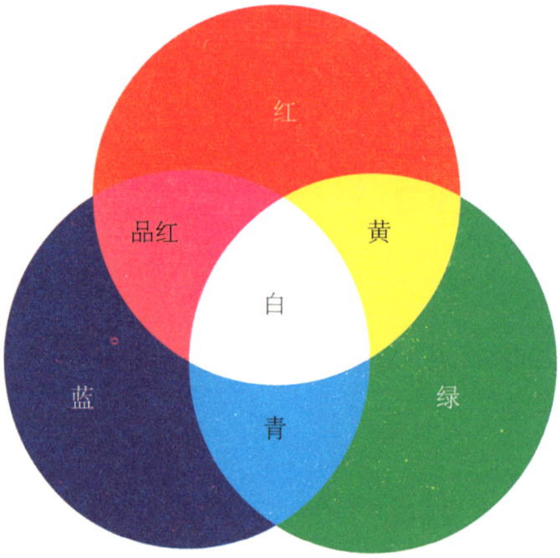

色光三原色和彩电三原色

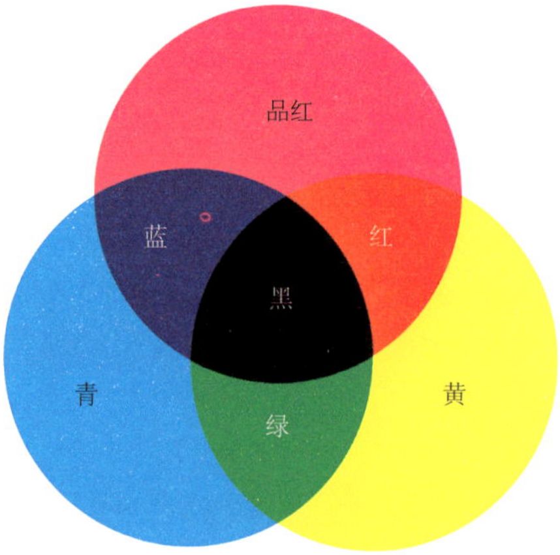

印刷三原色

种光线等量组合可以得到白色光。

颜料三原色是在美术实践中调配出的颜色，其三原色是红、黄、蓝三种，两两混合得到橙、绿、紫。

而印刷三原色指的是印刷中所运用到的基本颜色，是以黄色、青色和品红为三原色来调配出其他颜色的。三者两两混合得到绿、蓝、红，将这三种混合后的颜色再次混合则得到黑色。

与常见的红黄蓝三原色不同的是彩电三原色。三种不同的荧光粉会被涂抹在彩色电视机的荧光屏上，当电子束投在上面的时候，能分别产生红、绿、蓝三种颜色。所以，彩电三原色是指红、绿、蓝三种颜色。

不同颜色的光混在一起会怎样

一种颜色的光线如果和另一种颜色的光线混合之后，形成了无色彩的白光或者灰光，那么这两种色光就是互补色，比如说我们把红色的光与浅绿色的光混合在一起，就会看到白色的光，同

▼ 色彩轮表，相互对应的就是互补色

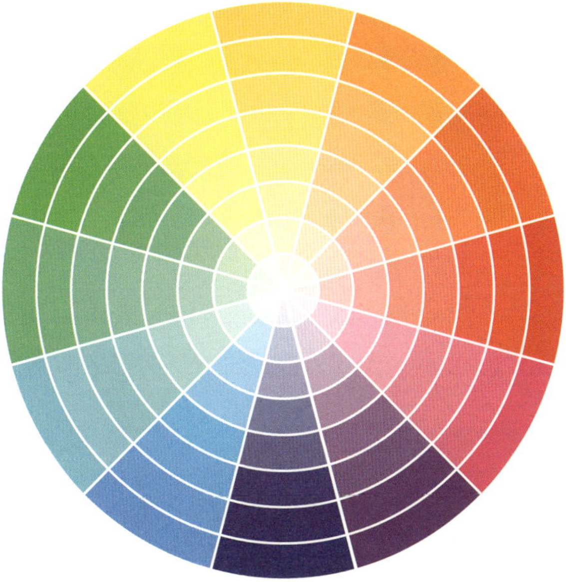

样，黄色与蓝色也是这样的。实际上，并不是所有色光都是互为补色的。只有互补色的色光混合才会形成灰光或白光，不是互补色的两种光线混合，则会产生一些令人意想不到的光。作为这两种非互补色光线的“产物”，产生的光的颜色自然介于这两者之间。比如说，红色光和黄色光，它们混合在一起会产生橙色的光，而蓝色光和红色光混合在一起则产生紫色的光。如果我们不断地加入各种颜色的光，其中的每种光总会找到属于它的那个“互补色”的光。科学家们在研究中也发现，那些被调配出来的中间颜色的光，它们之间也可以调制出“灰白色”的光。因此，不同颜色的各种光混合在一起最终会调出“白色”或“灰色”的光。

纯色是什么颜色

在日常生活中，人们常说到“纯色系衣服”“纯色系建筑”等，纯色也是一种颜色吗？

顾名思义，纯色自然就是“纯颜色”，也就是100%的颜色。简单来说，那些没有经过我们处理的颜色基本上都是纯色。我们生活中所见到的草地的绿色、灯笼的红色等都是纯色。如果想用科学的方法在色彩学的领域内为“纯色”找一个合适的定义可能有些复杂。

科学家们在界定纯色的定义时引入了一个叫作“圆柱坐标系”的概念，它是一个三维的坐标系模型，由色相、颜色饱和度、色彩的明度构成 HSV 坐标系，或者由色相、颜色饱和度与亮度构成 HSL 坐标系。当坐标系被构建起来后，纯色的位置就很好找了。在 HSV 的坐标系中，如果色彩的饱和度达到了 100%，那么这个颜色就可以被称为纯色。同样，在 HSL 坐标系中，色彩的饱和度达到 50% 也可以被称为纯色。

HSL 坐标系和 HSV 坐标系

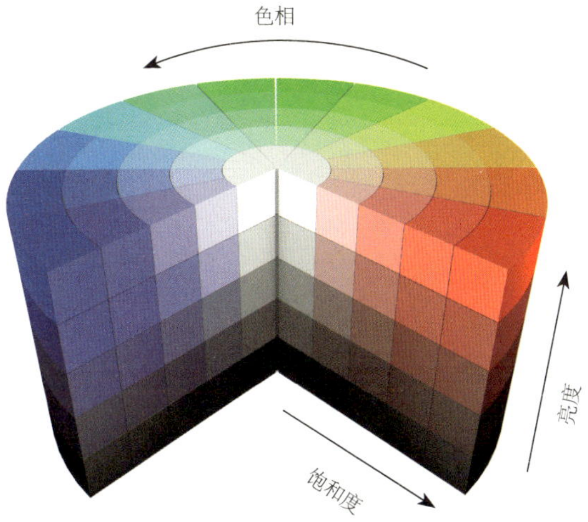

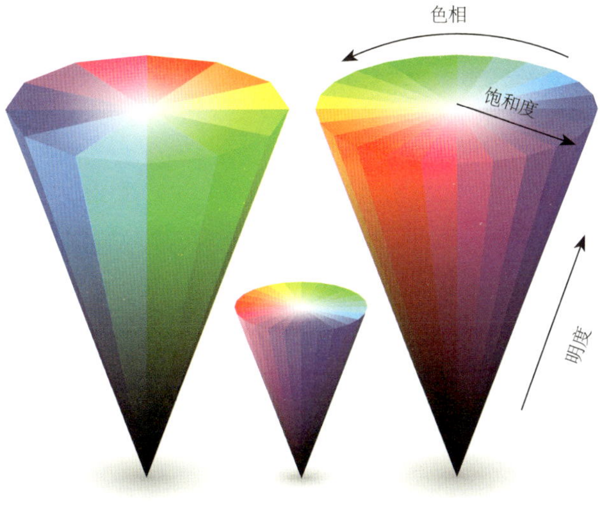

当然，这并不意味着那些被混合过的颜色都是不纯的。比如说黑色，它就是由四种饱和度达 100% 的颜色混合而成，红色与绿色也是由两种饱和度达 100% 的颜色混合而成的。

小贴士

了解纯色的知识对于印刷行业是十分重要的。现在所通用的 CMYK 印刷模式，即由青色、品红色、黄色和黑色作为基本颜色，通过不同的配比来打印出色彩缤纷的画面。

无色就是没有颜色吗

我们常会说“无色”这个词语，但是奇怪的是，一些美术家们把我们明明能看到的黑色、灰色等也叫作无色，这是为什么呢？

从字面上来看，“无色”好像就是没有颜色的意思，但事实

▼ 黑白无色系

上，这里的“色”并不是颜色的意思，而是“彩色”的意思，也就是说，“无色”的真正含义是没有彩色。那么哪些颜色是彩色呢？雨后天上的彩虹就有七种基本的彩色，而实际的色彩中有倾向于赤、橙、黄、绿、青、蓝、紫的颜色也都可以称为彩色。那么，没有这种色彩倾向的自然就要被归到“无色”的行列之中了。

与“纯色”概念不同的是，“无色”并不是一个确定的概念，或者说在坐标系中不能找到一个准确的点来科学地确定无色。也正是这个原因，人们经常将纯黑色过渡到纯白色这一过程中所有的颜色都称为无色，也就形成了一个以黑色和白色为两个极端的无色系。

当然，在我们日常生活中，那些没有色彩、透明的东西也同样被我们称为“无色”。比如说水的定义中，就有“无色透明液体”这一说法，有时候水显出的蔚蓝色实际上是光的反射造成的罢了，空气也是无色透明的气体。所以，我们并不能说无色就是没有颜色。

现在你了解什么是无色了吗？

红外线和紫外线分别是红色和紫色的吗

电视中常会出现这样的画面：一个英雄拿着一把“宝剑”，发出红色的光束，这个光束就是英雄的至宝——红外线。可是，红外线真的就是红色的吗？紫外线就是紫色的光线吗？

▲ 红外热成像仪显示建筑物正面和窗户热损失

▼ 实验室电泳紫外灯盒检测 DNA

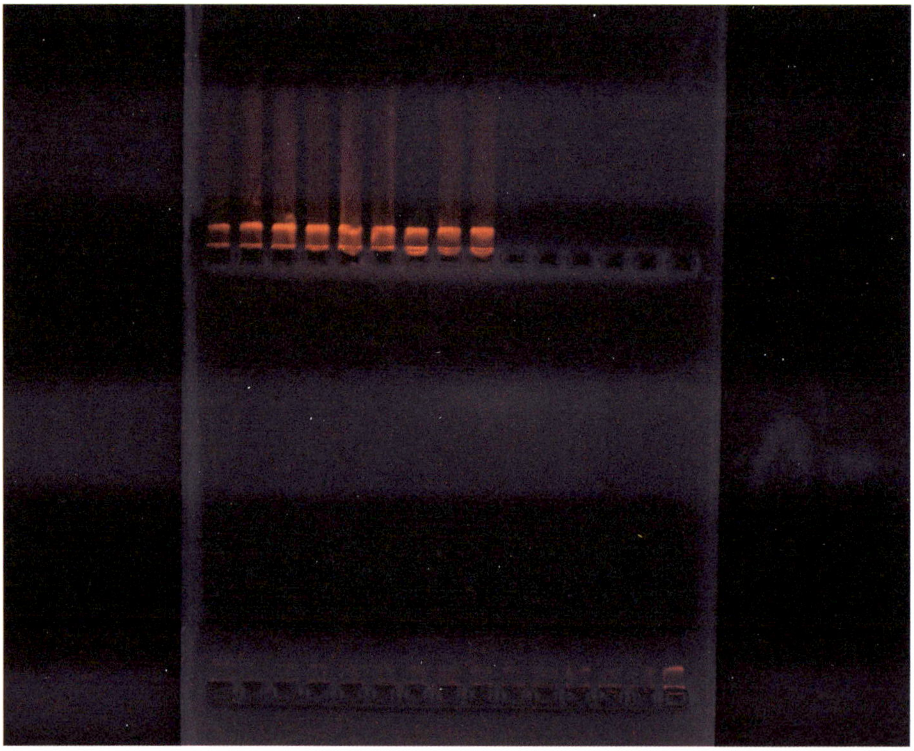

事实上，红外线和紫外线都是“无色”的，因为它们都是不可见光。从科学的角度来说，光线只是一种辐射电磁波而已。我们能见到的光的波长通常在 380 ~ 780 纳米，而 380 纳米和 780 纳米又刚好分别是紫色光和红色光的波长。紫外线和红外线的波长刚好在这两个边界之外，所以被称为“紫外线”和“红外线”。我们之所以有时候会在运用红外线或紫外线的仪器附近看见红色或紫色的光，是因为它们的波长都是游离于可见光边缘附近的，只不过是偶尔出现的红色和紫色光恰巧被我们的眼睛捕捉到了！

红外线和紫外线的应用是十分广泛的。由于红外线的波长较长，红外线照射物体表面后会使物体升温，在医学应用中，红外线常被用来治疗关节炎等疾病；紫外线能够杀死平常难以看见的细菌，经常用于消毒。当然，红外线是热辐射，对人也有一定的伤害，波长为 750 ~ 1300 纳米的红外线对眼角膜的透过率较高，可对眼底视网膜造成伤害，紫外线长时间照射同样也会对眼睛造成伤害。所以说，红外线和紫外线虽然用处较多，你可千万不要随便去“招惹”它们哦！

“撞色”了的颜色是怎样相撞的呢

我们在生活中常用到“撞”字：小明不小心撞倒小强，汽车不小心撞到树上，等等。那么，“撞色”是什么意思呢？颜色如何“相撞”呢？

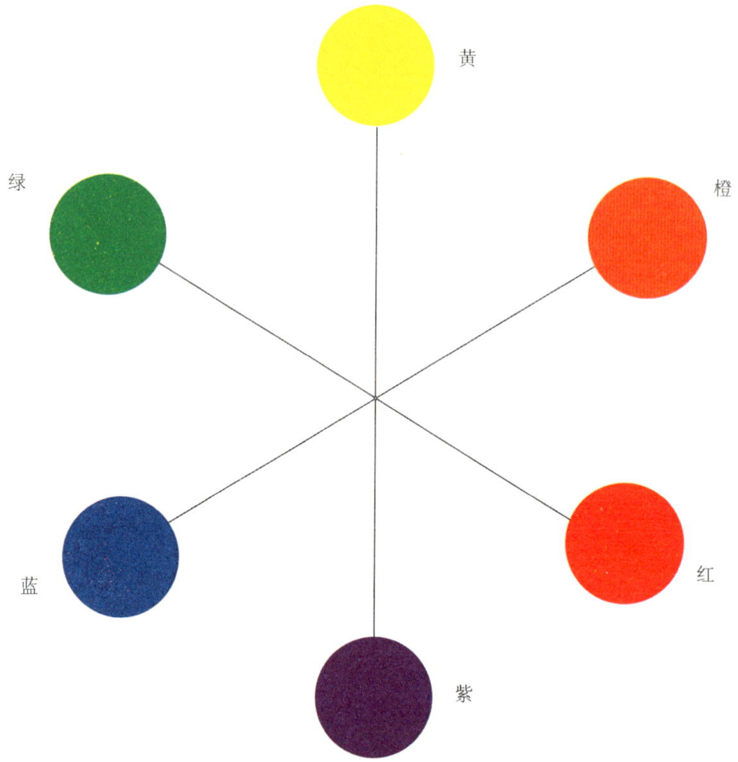

▲ 常用的强烈对比色和互补色

其实所谓"撞色"，是对比色搭配的一种形象说法，强烈对比色彩配合和互补色彩配合都属于撞色。强烈对比色彩配合是指两个关系比较远的颜色搭配，比如绿色与紫色、红色与青色等，这样的搭配色比较强烈。而补色配合呢，是指两种相对的颜色进行配合，比如黑色撞白色、蓝色与橙色搭配等。所以，"撞色"的本质其实是色彩之间的配合。

那么，好奇的你一定会问："撞色"在我们生活中有什么用途呢？

“撞色”在人类生活中大有作为，其最常用的是服装领域。精巧美妙的颜色搭配可以提高一个人的整体气质，展现人的个性和精神面貌。我们常见的服装撞色搭配有以下几种：

绿＋紫：属于非常极端的撞色，能够张扬个性！

红＋绿：红与绿本是互补色，红绿色配合能同时凸显两种颜色的色相与饱和度，创造出色彩鲜明的服装风格。

黄＋紫：黄与紫也是互补色，搭配之后给人的感觉是活泼、跃动。

蓝＋橙：橙色本属于暖色系，给人热情开朗的感觉，而蓝色呢，能让人有宁谧、内秀的感受。

此外，在家居装修、美容化妆、发型设计等注重色彩的领域都涉及“撞色”现象，聪明的设计师巧妙利用不同的颜色搭配，调制丰富多样的美丽色彩，装点着我们的生活，让我们的生活更加美丽。“撞色”可不是颜色相撞，你明白了吗？

互补色是怎么互补的

所谓的互补色就是，当我们把等量的两种颜色的颜料混合后，它们呈现出了黑灰色，那么这两种颜色就互为补色。而在光学中，正如色光三原色与颜料三原色不同，则需要让两种色光以适当的比例混合而产生白色的视觉效果。

色彩中非常经典的互补色，有绿色与红色、蓝色与橙色、紫

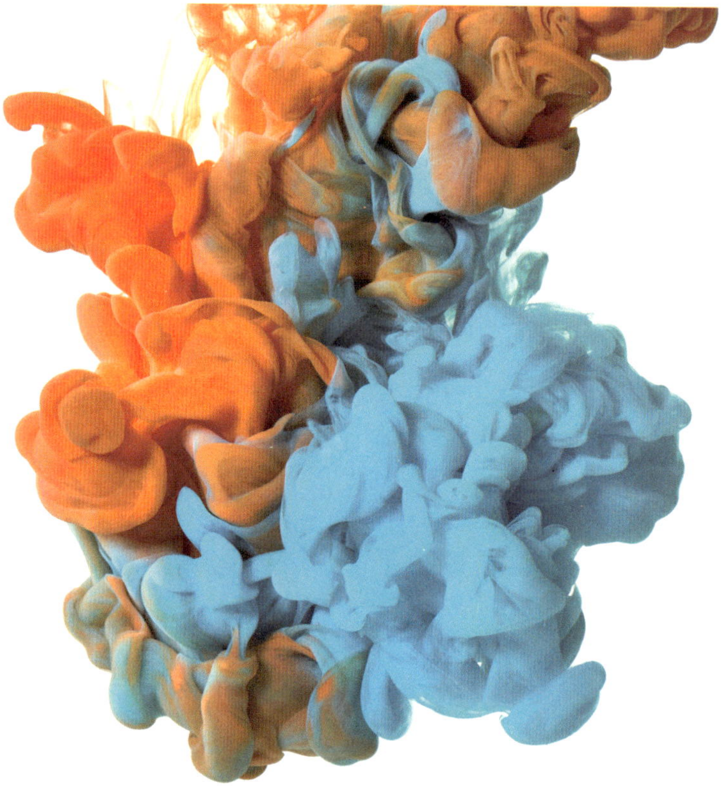

▲ 橙色与蓝色是互补色

色与黄色。这些颜色，在我们现实生活中，常常被称作“大俗大雅”的色彩搭配。你想想，是不是既听说过“红花配绿叶”，也听说过“红配绿，丑到哭”的说法呢？

那么，为什么会有这样的说法？

我们先来了解一下互补色是怎样互补的。若将两种互补色调和在一起，涂在白纸上，就会出现黑色，这样的现象被称作“补色相减”。然而，当我们把这两种补色并列的时候，就会引起一种强烈的视觉对比效果，对于红配绿来说，就会使得红色看起来更加鲜艳欲滴，让绿色看起来更加浓郁青翠，两种颜色都被凸显了。这样，红色和绿色的搭配就有特别的味道了，一方面有人觉得这种搭配抢眼而明丽，另一方面也有人觉得太过明艳。

还有一点就是，如果将这两种补色各自的饱和度降低，那么这两种颜色就会趋向调和哟！

颜色与温度有关系吗

过生日是很多同学特别喜欢的一件事，因为生日那天会收到很多很多礼物和很多很多祝福，当然，还有那必不可少的美味生日蛋糕。不过，我们在品尝蛋糕的时候，是否注意过蛋糕上面的

▼ 火焰

生日蜡烛呢？

蜡烛燃烧是一件特别有意思的事情，如果你足够耐心、细心，就会发现蜡烛火焰并不是单纯的一种颜色，而是从火焰内部到外层会形成不同的颜色分区。这是为什么呢？

科学家通过观察和测量为我们做出了解释。原来，蜡烛燃烧时火焰内部温度并不均衡，从内到外大致分为三层，最外层是外焰，温度最高可达 1400 摄氏度，呈黄白色；中间一层是内焰，主要是红色，温度有 800 摄氏度；而火焰的最内层是焰心，温度最低，只有 600 摄氏度，火焰颜色比内焰更红更深。为什么蜡烛火焰会形成不同温度和颜色的分区？科学家认为，由于蜡烛燃烧需要氧气配合，火焰外层氧气充足，相对燃烧充分，所以温度更高，内层则相反。温度不同，光线的波长也不相同，所以我们在不同分区看到的是不同波长的光线，从而也就呈现出不同的颜色。

小贴士

我们习惯在夏季穿颜色较浅的衣服，如白色等，而在冬天穿着颜色较深的衣服，如黑色、棕色等。当光线照射在衣服上面，黑色布料能吸收大部分可见光，使衣服温度升高，起到保温作用，白色衣服则相反。

色彩有没有味道

色彩有没有味道呢？你一定会认为，色彩是用眼睛看到的，而味道是人们的舌头感受到的，两者属于不同感官的感受，似乎没有什么联系。

但是在我们的生活中，有一些现象让我们感到色彩也是可以有味道的，我们闻到的味道与我们的联想是相辅相成的。比如说，看到无色的液体，我们会自然联想到白水，而白水是无味

▼ 红色让人感到喜庆甜蜜

的；看到红色的辣椒，我们嘴里似乎都有些辣辣的了；看到金黄色，我们或许会想到柠檬，牙齿似乎也被酸到一颤。而超市里出售的各种水果口味的饼干和软糖，包装袋也往往是水果本身的颜色。我们看到这些颜色就会联想到这些食物的味道。

刚刚我们提到的色彩的味道是从生理方面来说的，那么从心理方面看，色彩是不是也有“味道”呢？答案是肯定的。

心情的酸甜苦辣也是一种味道。过年的时候，家家张灯结彩，红色的对联、鞭炮、新装，无不洋溢着喜庆，此时人们的心情的味道应该是甜蜜的。反之，如果举办丧事，人们都会穿着深色和素色的服装，整体一片肃穆，这种场景下的服装颜色应该是一种苦涩的味道吧。

由此看来，从人类的感官方面来说色彩是有味道的。更神奇的是，相同的色彩可能会有不同的味道，这完全取决于我们自己当时的处境和心情。

色彩会“膨胀”与“收缩”吗

你有没有遇到过这样的情况，在观察宽窄尺寸相同的黑白条纹布的时候，总感觉白条纹比黑条纹宽？难道色彩还会“膨胀”与“收缩”？事实上，的确会有这种效果。只不过，这种膨胀或者收缩，可能并非是颜色自己本身的变化，而是我们眼睛的错觉。下面让我们了解一下视网膜的工作原理。

▲ 色彩的“膨胀”与“收缩”

光是通过眼睛的晶状体折射到视网膜上成像的。光的波长不相同，通过晶状体的折射率也不同。长的波长为暖色光，形成的像在视网膜上的焦距不准确，看上去光就有种膨胀的感觉；而波长短的冷色光，形成的像在视网膜上焦距很准确，看上去就是一种收缩的感觉。所以说，很多身材较胖的人都会选择深色系的衣服，使自己看起来瘦一点。

光的明亮度也影响人对色彩膨胀和收缩的感知。在物理学上有“球面像差”的原理，当明亮的光投射到视网膜上，会在上面投影出一圈淡淡的光晕，好像把物体的影像放大了一圈，看上去物体就有种膨胀感；反之，昏暗的光在视网膜上所成的影像的轮廓就没有这种效果，相比之下人眼自然会感觉是物体收缩了。

保护色是用来保护什么的

是不是在自然课上听老师提起过神奇的保护色呢？那么，到底什么是保护色呢？

保护色，顾名思义，是具有保护作用的警戒色和信号色。它主要起着保护作用，是一种天然的屏障。想一想，是不是周围很多的动物都具有这样的特色呢？

比如说，北极熊的毛的颜色是白色的，这可以帮助它们在捕食时不被猎物发现，也可以帮助它们躲藏在冰天雪地里不被猎人发现，从而更好地生存下来；枯叶蝶的保护色是像叶子一样的枯黄色，它潜伏在枯叶当中，如果不仔细观察的话很难发现，这种保护色有助于它躲避鸟类的捕食；竹节虫的保护色大多为青绿色，这使得它们隐藏在树枝和草丛中时避免被天敌发现。

那么，为什么会有保护色呢？达尔文认为，生物的保护色是由自然选择决定的，生物在长期的自然选择中形成了功能不同的保护色。也就是说，保护色经常与周围的环境色彩相类似，不易被识别。所谓的环境色彩，是指在环境中占优势的色彩，比如春天里绿色的草坪，还有冬天白茫茫的雪地，这里的绿色、白色都是环境色彩。

▲ 竹节虫

▼ 北极熊

第二章

我们的生活充满色彩

生活是如此美丽，如此色彩斑斓。清晨，火红的太阳将金色阳光洒满大地；晴朗的日子里，澄蓝的天空飘着朵朵白云；夜晚，黑色的夜空挂着银色的月亮，闪烁着淡黄的星星。我们的生活中，街上跑着各种颜色的汽车，人们穿着具有各种色彩的衣服……生活是我们认识色彩最好的老师，让我们开始一场缤纷的旅程，去探寻色彩背后有趣的科学真相吧！

太阳是红色的吗

世界因为有了太阳才变得光明，我们每次看到太阳的时候，总感觉它是红色的，我们画画的时候，是不是也常常把太阳涂成红色？那么，太阳到底是不是红色的呢？

实际上，太阳并不是红色的。在前面的问题中，我们已经了解到，太阳光是包含着红、橙、黄、绿、青、蓝、紫七种颜色的光的组合。所以，无论说太阳是哪一种颜色，都是不太准确的。而且，太阳的颜色在一天之间是会发生变化的。

在早上和晚上，我们看到的太阳呈现红色。主要原因是，这时空气中水汽非常丰富，还有大量的微尘，阳光透过大气层，其中波长较短的蓝紫色光被散射掉，除此之外，这个时间太阳的角度很斜，所以光线经过大气层的路程很长，被散射掉的蓝光也就更多。而剩下的则是波长较长的红色光等，它们被人的眼睛捕捉到，于是，我们就能看到红色的太阳了！这下，你知道，为什么很多时候都说太阳是红色的了吧。

而在上午八九点到下午四五点之间，尤其是在正午，太阳在我们眼中则成了耀眼的白花花的颜色。这是为什么呢？联想到刚刚学习的知识就会知道，在这个时候，阳光与大气层之间角度比较大，所以光穿过大气层的路线比较短，这样被散射掉的光就少了很多，而且此时太阳光中，蓝、紫色光由于波长较短，大部分

▲▼　朝阳和夕阳

都被散射了，而黄光的穿透能力又比较强，所以，人眼在这时看到的太阳光的总体视觉效果是闪闪的金光，或者说是金灿灿的白色光。

极光的颜色是什么样的

你有没有听说过极光呢？在你眼中，这是怎样一种充满童话色彩和浪漫气息的现象呢？你想不想了解极光是怎样形成的呢？

极光实际上是由太阳风导致的特殊现象。它通常发生在高纬度地区，即极地地区。北极地区发出的极光是北极光，在中国的漠河地区也可以看到北极光，而在南极地区出现的则是南极光。极光的形态主要有四种：弧状极光、带状极光、幕状极光，还有一种是放射状极光。无论形状如何，它们都有丰富多彩的颜色，令人惊叹！

那么，极光到底是怎样产生的呢？原来，太阳会发出大量高速运行的带电粒子，它们受到地球两极磁场的影响，会偏离原先的运转轨道，向两极偏移，并与大气中的分子和原子激烈地碰撞而形成多姿多彩、奇诡而炫目的彩色光象。赤、橙、黄、绿、青、蓝、紫各色竞相绽放。

实际上，极光在极地地区经常发生，只是它们并不那么容易被人看见。这是什么原因呢？当我们抬头看看厚厚的云层就明白了。是的，极光发生的地方和我们观测地方之间距离实在太远了，往往被大气层所阻隔，而此过程中极光的能量也不断地被消耗，我们肉眼可见的概率就很低了！

在中国，漠河是北极光的最佳观测地，其时间主要是在每

▲ 放射状极光

▼ 弧状极光

年夏至前后，共计 9 天左右时间。根据地球公转和自转的原理可知，夏至日对于北半球而言是靠近太阳的时期，阳光晴好、云层较薄，因此容易观察到北极光，不过要记得是在夜间哦！

天空究竟是什么颜色的

天空是什么颜色的呢？看到这个题目，你一定觉得这是很小儿科的问题吧，同时会毫不犹豫地说，当然是蓝色的！那么，你

▼ 天空

想过没有，为什么在晴朗的白天，天空在我们眼中是蓝色的，而在夜晚，天空又变成了黑黢黢的颜色了呢？为什么天空会变色，它到底是什么颜色的呢？

在晴朗的白天，天空呈现或浓或淡的蓝色，而我们知道，地球上空被厚厚的大气层所包裹，大气是没有颜色的，那么蓝色又从何而来呢？实际上，在晴天，太阳光穿透大气层时，能量较强的红光、橙光、黄光、绿光等会迅速地穿过大气层，很少被阻碍，而波长较短、较弱的蓝紫光等则被大气层所阻挡，并被大气层中的浮尘与水滴等不断地反射与折射，将大气层“染”成蓝色。

也就是说，天空本身是无色的，但是太阳的存在使得它有了颜色。夜晚天空变成了黑色，是因为这个时候，太阳光照射到地球的另一半，而我们这一半的天空是没有太阳照射的，缺少发光源，所以天空就是黑色的。不过，我们还可以看到月亮，是因为它反射了太阳的光，所以相对不那么强烈。

小贴士

坐过飞机的人应该知道，在高空看到的天空更加蓝，如果离地球更远，在更高的地方看，天空甚至会变成紫色的，其原因就是，最弱的紫色很大部分都被挡在大气层之外啦！

宝石的颜色为什么会如此多样

你是不是曾被珠宝店中那五颜六色的宝石所吸引而看花了眼呢？那么，你有没有想过，为什么宝石会有如此繁多的色彩？

在自然界，我们也能看到各种色彩的矿物石，比如天青色的青金石、淡黄色的黄玉、紫色的水晶、血红色的红宝石和绿色的绿柱石，而且，同一种矿石也可能有深深浅浅的颜色变化，甚至有不同的邻近色彩，比如绿柱石就有浅墨绿色、蓝绿色、金黄色等不同的颜色。这是因为石头中有大量的矿物质元素，其主要成分是金属氧化物，金属本身的特性决定了它们有各种颜色。但当它们与空气接触时，可能会发生氧化还原反应，就会改变色彩。也有可能是因为石头中含有杂质而发生了变色，比如说玛瑙石会因为混入了铁元素而变成红色的，石英石本来是无色透明的，但是掺入含碳化合物则会呈现黑色。

除拥有五彩缤纷的颜色外，很多石头还会发光呢！比如将矿石烧红，冷却后放在太阳下，然后拿到黑暗处，便可以看到发出光芒的石头了。又如金刚石会发出淡蓝色的光，冰洲石则会发出金色的光。是不是很神奇呢？

◀ 红虎眼石

▲ 无色透明的石英石

▼ 掺入含碳化合物的石英石

夜光杯在夜晚是怎样发光的

“葡萄美酒夜光杯，欲饮琵琶马上催”，这首著名的诗词中提到的夜光杯是什么呢？它真的会在夜晚发光吗？它到底是怎样发光的呢？

实际上，关于“夜光杯”有多种说法。

一种是甘肃酒泉夜光杯，它是由祁连山的玉精细地雕刻形成的天然杯子，花纹美丽，杯壁薄而光滑，而且用来雕刻的玉石透明而闪亮，盛酒后置于月光下，流光溢彩，而且会使得酒味甘醇而持久。这种夜光杯实际上并不会发光。另一种夜光杯是用方解石或者钻石加工打磨的，这些矿物质在有光照条件的情况下吸收能量并转化为自身的能量，当它们被移到黑暗处就会发光。还有一种夜光杯是一种人造杯子，上面涂有荧光粉，荧光粉在黑暗的地方或者夜晚是可以发出光亮的。荧光粉也叫夜光粉，包括储能型和放射性两种。光致储能型的荧光粉，能将自然光、灯光等光能储存起来，然后在黑暗处以荧光的形式缓缓地释放这些能量，也就是把热能转换为光能，所以我们就能在夜晚看到那些夜光杯发光了。放射性的荧光粉则是加入了放射性物质，利用其能量来激发荧光粉发光，例如稀土元素。这些荧光粉的发光时间能够达到十几个小时。

◀ 用祁连玉
制成的夜光杯

▼ 方解石

白色的土地是怎样形成的

我们听说过黑土、黄土，知道了这些土地都是自然形成的具有特色的土地。那么，你听说过或者见过白色的土地吗？实际上，白色的土地，也就是我们常说的“盐碱地”在我们身边并不是那么常见，只有在特殊的地区才能看到。

所谓盐碱地，就是盐类聚集而形成的碱性土壤，这种土壤会使得农作物不能够正常生长，而且在严重的盐碱地，植物根本不能生存。那么盐碱地是怎么形成的呢？

影响盐碱地形成的主要原因是气候因素，在中国干旱半干旱地区，降水量小于蒸发量，溶于水的盐分便在土壤的表面聚集，大量的白色盐分让整个土地也呈现白色。每当夏季降水量大的时候，雨水会冲刷掉这层盐分，也就是“脱盐”，而在春天，水分蒸发强烈而降水少，使得盐分聚集在表层，也就是所谓的“返盐”。

不过，在降水量很少的西北地区这种变化并不常见。同时，盐碱地多形成在低洼的地区，包括盆地、山间洼地和低矮的平原。土壤的性质也会影响到盐碱度，一般而言，沙质土和黏性土积盐少，而壤质土则积盐重。河流与海洋等也会因为地下水位升高，导致出现“白色土地”的现象。除了这些自然因素，耕作不当也可能导致土地盐碱化，例如只灌不排、大水漫灌等。

▲ 盐碱地

▼ 黑土地

不过白色土地也不是百害而无一利，白色土地也是一种珍贵的土地资源，盐碱地中含有大量珍稀的微生物和植物，是可供科学研究的宝贵资源。

星星是什么颜色的

星星真的是黄色的吗？实际上，星星是五颜六色的，红、白、蓝、紫、黄等都有。我们用肉眼所看到的星星只有亮度的差别，有的很明亮，有的则稍微暗一些。星星的颜色与什么有关呢？主要与它表面的温度有关。星星表面的温度越高，它发出的蓝光就越多，整个星星就呈现偏蓝的色泽；反之，当星星发出更多红光的时候，它的表面温度比较低。

那么，为什么星星在我们眼中会是黄色的呢？那是因为它们的表面温度为 5000 ~ 6000 摄氏度。而星星的光如此微弱的主要原因是我们与星星之间的距离实在是太遥远了。星星所发出的光在漫长的路途中被损耗，所以根据星星的发光能力的不同，呈现在我们肉眼中的就是明暗不一的黄色星星了！

▲▼ 星空

车的轮胎为什么大都是黑色的

我们每个人都见过汽车，也坐过汽车，汽车的轮胎常常是黑色的，但如果我们见过橡胶，就知道制作轮胎的橡胶是乳白色或者淡黄色的，那么为什么我们所见到的轮胎却大都是黑色的呢？

实际上，车胎从白色到黑色是要经历一个过程的。世界上第一个用天然橡胶制成的轮胎的颜色就是没有任何花纹的白色，因为纯净的橡胶就是白色的，1894 年的别克牌轿车使用的就是这种轮胎。但是千篇一律的白色轮胎使得轮胎厂的生意受到限制，有一家轮胎厂为了标新立异、与众不同，就尝试把轮胎做成其他的颜色。他们通过与化学公司合作，希望制作闪闪发亮的银灰色轮胎。化学公司通过很多次试验，包括添加黑色、红色的原料和涂料等来改变颜色，最后他们制作出了一种黑色的轮胎，这种黑色的轮胎中加入了炭。虽然没有调和出银灰色，但经过试验，他们发现，这种轮胎更加结实、耐磨，比当时常见的白色轮胎的寿命长四五倍。同时，为了防滑，制造公司又在轮胎上增加了各种花纹，增大摩擦力，增加汽车的安全系数。

虽然现在可以制造出彩色的轮胎，比如米其林轮胎有着世界上第一个彩色轮胎，但是由于制作过程复杂、成本高，同时花花绿绿的轮胎不利于在公路上行驶，会使视觉被分散，增加驾驶的危险，所以，目前的汽车轮胎仍然普遍是黑色的。

▲ 彩色轮胎

有色眼镜是什么样的眼镜呢

近视、远视、散光等眼科疾病需要佩戴眼镜进行矫正，而且这些眼镜也常常是透明的，而带颜色的眼镜，我们最常见的大概就是墨镜了。那么，你知道有色眼镜吗？在这种眼镜背后还有什么深意呢？ 字面意义上的有色眼镜就是镜片带有颜色的眼镜。我们知道，太阳光是由赤、橙、黄、绿、青、蓝、紫七种颜色的光构成的，我们看到的不透明物体的颜色是根据它能反射的光线颜色决定的。透明的物体的颜色则由其透过的光线颜色决定。当我们戴上普通的无色眼镜时，因为透明的物体透过所有光，所以我们看到的依然是物体本身的颜色，然而当我们戴上了有色眼镜，我们所看到的物体颜色就由眼镜所能透过的光的颜色决定。比如说绿色的透明眼镜所能透过的光是绿色的，如果不透明的物体本身是绿色的，那么我们就可以看到这个绿色的物体；而那些其他颜色的物体，因为透不过光线来，就自然地呈现为黑色了。

小贴士

有色眼镜除了字面意思，还充满隐喻，指并不客观地去看待与评论事物，而是抱持某种固定的看法或者成见，也有批评一个人思想僵化的意思。

▼ 有色眼镜

颜色是怎么染到头发上去的

我们走在街上，总能看到染着各色头发的人，或是棕色，或是黄色，或是紫色，还有染着黑头发的老爷爷老奶奶。那么，你有没有想过，这些颜色是如何染到头发上的呢？为什么他们在洗过头之后，颜色并没有褪下，仍然还存在呢？下面，我们一起来探讨一下这其中的缘由吧！

实际上，人们在染发的时候，并不是用我们绘画用到的颜料，而是用特制的染发膏。染发膏中碱性成分的氨有着很强大的“能力”，可以“撬开”处在头发表层的毛鳞片，使得头发中的天然色素褪去，而染发膏中含有的人工色素也很厉害，可以把自身融入头发中的皮质层，而皮质层的麦拉宁色素细胞决定头发颜色，这样头发呈现出了我们看到的颜色。

但是，染发剂当中含有有毒的化学成分，如氨等，它们对于毛鳞片等具有很强的破坏作用，使得头发干枯毛糙而缺少光泽，所以很多染过头发的人都有发质变差的体会。而且，染上去的色彩最终也会脱落成为黄色，这是因为头发中的色素颜色越深越容易流失，而其中的黄色素是最不好流失的色素细胞，所以无论染什么颜色，最后都会变为黄色，其中，最容易脱色的是蓝黑色的头发，其次是红棕色。而且其中的芳香化学成分还会对身体的造血系统造成危害，比如出现皮炎、红肿、溃烂等

▲ 不同颜色的头发

症状，严重的可能会导致不孕不育、胎儿流产等。所以说，染发要适可而止哟！

为什么很多志愿者都穿蓝色衣服

你有没有参加志愿服务的经历呢？志愿者是社会中爱心人士的代表，身着蓝色制服的志愿者们让我们的世界充满正能量！那么，你可曾注意到，为什么大部分志愿者服装是蓝色呢？

▲ 身着蓝色衣服的志愿者

蓝色是色光三原色之一，并且是其中波长最短的，属于短波长可见光。除了光学上的蓝色，我们在日常生活中赋予了蓝色更多的意义。蓝色属于冷色系。蓝蓝的海洋、蓝蓝的天空，还有蓝蓝的宇宙，纯净而永恒。蓝色的世界宁静而美好，让人想要置身其中。由于蓝色沉稳的特性，象征着理智、准确，在商业设计中，强调科技、效率的商品大多选用蓝色当标准色，如电脑、汽车、影印机、摄影器材等。另外蓝色也代表忧郁，这是受了西方文化的影响，因而常运用在文学作品或感性诉求的商业设计中。

蓝色给人以秀丽清新、宁静、忧郁、豁达、沉稳的感觉，是一种性格色彩。据说，严谨而沉稳的人喜欢蓝色的比较多，他们对于人际关系的“信任度”要求比较高，而且热衷于关心别人，知礼而懂事。蓝色的大海和天空都是一望无垠的，给人一种博大而广阔的感觉，所以，很多公益组织志愿者选择蓝色作为服装标准色，就是借助蓝色来表达团结合作、创造美好和谐世界的愿望！

苹果被咬开后为什么会变色

又脆又甜、可口诱人的苹果是很多人喜爱吃的水果。苹果口感好、营养丰富，富含我们身体所需要的多种维生素，可以说既营养又美味。市场上出售的苹果有大有小，我们大都喜欢又大又红的苹果，但是有一个小小的问题，大苹果往往不能一次吃完，放置在冰箱或者其他地方，短时间内你就会看到奇妙的变化——苹果上面多了一层“铁锈”样的东西。那么，这神奇的“铁锈”究竟是什么呢？

在这里不得不为大家补充一些化学知识了。苹果里面含有丰富的铁元素，而这些铁元素以一种特殊的离子形态（二价铁离子）存在，当我们咬开苹果时，果肉中的铁与空气中的氧接触，就会变成另外一种离子形态的铁（三价铁离子），它和我们平时见到的红褐色铁锈含有的元素相同，但是苹果中的铁离子不太集中，因此看起来偏黄。除此之外，甜甜脆脆的苹果当中其实含有我们看不见的酚类化合物，而且数量甚多。这些酚类化合物并不稳定，遇到空气之后就会被氧化成醌类化合物，而伴随着这个氧化的过程，苹果就会发生变色反应，变成黄色，随着反应的量的增加颜色逐渐加深，最后变成深褐色。这种变化在化学里有一个专门的称呼——氧化反应，也就是物质与氧气接触之后发生的系列变化。

小贴士

氧化的苹果维生素含量会减少，营养价值也随之降低，为了减少营养流失，你可以把苹果密封保存或者选择浸泡在盐水中。

被氧化的苹果

第三章

生命的颜色妙不可言

那些五彩缤纷的花朵、颜色各异的动物，让我们觉得身在地球并不孤单。自然界中这些美丽的生灵陪伴着我们、辅助着我们、供养着我们，也愉悦着我们。小草的青、荷叶的碧、柳叶的绿，植物是大自然的调色师，它用惊人的本领向我们诠释了色彩的各种程度、各种变化。白绒绒的小兔子、绿油油的菜青虫，甚至会变色的蜥蜴，动物也用它们的多彩多姿展示着生命的颜色……让我们一起去亲近大自然中最为炫丽的动植物们吧！

花朵为什么是五颜六色的

我们在花园或者植物园游玩的时候，总能看见各式各样的花朵。甚至，很多地方还专门建了花卉主题公园。漫步在花海之中，五颜六色的花朵是不是让你有“乱花渐欲迷人眼”的感觉呢？那么，在欣赏美景的时候，你有没有想过，为什么花朵是五颜六色的呢？

花朵色彩的形成是由花瓣中的色素及其酸碱度来掌控的。其色素主要包括两类：一类是花青素，另一类是类胡萝卜素。花青素是由葡萄糖生成的，正是有了它，花朵才可能呈现红色、蓝色或者紫色。当花青素表现为酸性的时候，花瓣是红色的，而且其颜色深度是随着酸度的增加而增加的，比如红色的牡丹等；中性的花青素可以使花朵呈紫色，比如紫色的牵牛花等；蓝色的花朵则是因为花青素为碱性，比如蓝色的木槿花等；花中的精品如墨菊、黑牡丹等则是因为花青素呈强碱性；类胡萝卜素是使得花瓣呈现黄色或者橙色的色素，比如菊花、蜡梅、油菜花等。

当然，如果是白色的花朵，就不含色素了。比如说白玉兰、白莲花等。一般而言，花朵需要昆虫、飞鸟等动物的帮助来授粉，所以为了繁殖的需要，花朵在自然进化的过程当中形成不同的颜色来吸引与它“有缘分”的动物来协助授粉，在自然选择中，这种基因也得以固定。但是，我们也要认识到，在技术发达的今天，人工培育也可以改变花朵的颜色。

小贴士

有些花的颜色会一日三变，是因为其色素的酸碱度在一天之内会发生变化，比如木芙蓉。

五颜六色的花朵

什么决定了植物的色彩

我们对于影响花朵颜色的因素有了了解，但是，是什么决定了植物的色彩呢？也是色素吗？那么，让我们一起来探索植物的彩色王国吧。

我们所能看见的各种植物，大部分都是绿色的，这主要源于它们的细胞当中含有丰富的叶绿素。叶绿素也是色素的一种，它能够捕捉能量，完成光合作用，支持植物的生长发育。但并不是说，植物的颜色只取决于叶绿素，实际上，胡萝卜素和藻胆素等也参与到了植物颜色的形成过程中。叶绿素包括叶绿素a、b、c、d、f以及原叶绿素和细菌叶绿素等。叶绿素吸收光谱的最强区域有两个：一个是在波长为640～660纳米的红光部分，另一个在波长为430～450纳米的蓝紫光部分。而对于在500～600纳米的绿光则吸收得非常少，所以我们才能看到满目青翠的绿叶！

但是，植物当中，也有一些是其他颜色的，这是由植物液泡当中的其他色素决定的。比如说紫色的甘蓝，其叶子中紫色素强于叶绿素，所以才呈现出紫色。同时，植物的颜色也是会发生变化的，比如说我们熟知的枫叶，到秋天会慢慢变黄再变红，主要原因是植物叶片中的叶绿素在光合作用中合成受阻而分解，而花青素在这样的天气下“如鱼得水”，因此占据了叶片里的主导地位。由于此时枫树的叶片细胞液呈酸性，花青素在酸性溶液中呈红色，所以枫叶自然披上了红色的衣裙。

而很多海藻之类的海洋植物并不是绿色的，比如紫菜和海带，这是因为它们含有叶绿素 c，同时也含有岩藻黄质和甲藻素，能吸收到 490 纳米的光，所以绿光也有很大一部分被吸收了，植物就不会呈现出单纯的绿色，而会偏向邻近的颜色，比如褐色和黄色等。

绿茶、红茶、黑茶是不是茶如其名

在中国，喝茶是一种传统的习惯。在中国，茶叶分为好多种，有绿茶、红茶、白茶、黄茶、黑茶等。那么，这样的分类是怎么规定的？各种茶叶的颜色有什么区别？

实际上，这些不同种类和颜色的茶叶，差别主要在于加工的方法不同，发酵度也有差异。不同的制作工艺使得茶叶之间存在差异。

在中国，最常见、产量最多的茶叶是绿茶，它的制作过程包括杀青、揉捻、干燥。绿茶是不发酵茶，中国各个产茶区都生产绿茶，根据干燥方法不同，分为炒青绿茶、烘青绿茶、蒸青绿茶和晒青绿茶。绿茶泡出来的茶叶绿油油的，汤汁清亮，叶绿素保持在 50% 左右，茶多酚保持在 85% 左右，香气扑人。著名的绿茶有龙井、碧螺春、信阳毛尖等。

红茶则不杀青，而是直接等到茶叶枯萎凋零，再进行揉捻、

▲ 茶

发酵，茶多酚促进茶叶氧化，既而茶多酚减少90%，并且产生了茶黄素、茶红素这样的物质，是红色的化合物，泡出来的茶是红汤红叶，香甜而醇厚。红茶的品种包括小种、功夫、红碎茶三种，著名的红茶有正山小种、滇红、祁门红茶等。

黑茶发酵时间较长，原料比较老，叶片较黑，泡出的茶叶比较浓郁。著名的黑茶包括云南普洱茶、广西的六堡茶等。

其他的茶叶种类如青茶，则介于红茶和绿茶之间，是一种半发酵茶叶，色泽青青的，泡开汤色是金黄的；而黄茶则是黄叶黄汤，是轻发酵茶，如君山银针；白茶则是白色的叶子上有许多细微的白毛，泡出来是白汤，如白毫银针。

黑森林长着黑色的树木吗

相信很多人在甜品店都吃过一款叫作“黑森林”的蛋糕吧！巧克力的醇苦、奶油的香浓、樱桃的酸甜、酒味的微醺，实在是好吃极了！那么，你知道它为什么叫作“黑森林”吗？世界上的确还存在着一片真正的“黑森林”呢。

黑森林蛋糕是从德国的黑森林地区走向世界的，它的名字正是源于它的产地。

黑森林地区在德国西南部，是德国境内最大的森林山脉，依着莱茵河谷而立，风景十分优美。它之所以被称为黑森林，是因为在这片丛林当中，松树、杉木这些浓密而茂盛的树木占据了大

▲ 黑森林蛋糕

▼ 黑森林

部分，尽管树木并不是黑色的，但从远处看，整个山脉和丛林黑森森的一片，所以，人们称它为“黑森林”。黑森林根据其分布分为北、中、南三部分，越向南，树木分布越稀疏，北部的森林最茂密。

小贴士

《白雪公主》《灰姑娘》的故事都发生在黑森林中。现实生活中的黑森林地区的火腿、蜂蜜和布谷鸟钟也非常有名。

动物是不是像人一样可以看到五颜六色

我们人类的眼睛可以看到这个五颜六色的世界，从而体验生活的多姿多彩与美好。那么，你有没有思考过，那些与我们不一样的动物，它们的眼睛中看到的世界是什么样子的呢？也是五颜六色的吗？

实际上，世界上除人之外，大多数动物都是有视力的，但这并不等同于它们都能够识别颜色。因为视力是指视觉的分辨能力，主要指的是锐度，与颜色关系不大。由于自身身体构造的差异，动物对于色彩的分辨能力是有差异的。

大多数灵长类动物的视力比较好，能够分辨不同的色彩，能够感受到立体的物体，比如人类就属于高级的灵长类动物，其他的灵长类动物还有猴子、猩猩等，它们同样也有比较好的视力。能够分辨颜色的动物还有鸟类，鸟类也能够看到立体的物体，最神奇的是，鸟类还能够双重调节焦距，也就是说，它既可以将焦距拉长，将远处的物体拉近，看得很远，也可以将焦距拉近，把近处的物体推远。很多哺乳类动物几乎都是色盲，它们不能够分辨清楚各种颜色的差异，但是食肉动物的视力比食草动物相对好一些，能够看到立体的物体。而爬行动物、两栖动物和水生动物等，它们几乎不能看到自然界的五彩缤纷。某些无脊椎动物，像乌贼、章鱼等，它们虽然视力比较好，但仍然是色盲。昆虫视力虽然很差，但是它们对运动中的物体很敏感，反应很敏锐。

▼ 颜色失真的世界

雄性动物外表的色彩比雌性动物更鲜艳吗

当我们观察自然界动物的时候会发现，那些颜色鲜艳的动物大多都是雄性的，而雌性的动物似乎就显得灰暗了一些，比如有着美丽尾巴的雄鸡、有漂亮羽毛的雄孔雀。那么，为什么雄性动物的外表比雌性动物要鲜艳呢？

实际上，这一点与动物们择偶以及繁衍后代具有密切的关系，因为雌性动物在择偶的时候有一种普遍的倾向，就是它们更

▼ 雄鸳鸯和雌鸳鸯

愿意选择色彩鲜艳的雄性动物。那么，为什么这些雌性动物也有一颗“爱美之心”呢？鲜艳漂亮的色彩是雄性动物的第二性征，这种性征使得它们在同性当中能够脱颖而出，获得雌性的青睐。比如说尾巴美丽的大公鸡更能得到母鸡的“青眼相加”，色彩斑斓的雄鸟也更有自信在雌鸟面前踱步炫耀。

这些都是出于物种生存和繁衍的需要。由于在交配当中，雄性精子的产生速度远快于雌性卵子的产生速度，所以在种群延续的背景之下，本应是对等数量的雄性就多出来了，如何能够被雌性青睐，获得自己的“生育权”，是雄性物种努力的目标。它们首要的选择就是把自己“装扮”起来，五颜六色更具有吸引力。同样，雌性为了在养育幼崽时躲避天敌，毛色则向更倾向于自然的色彩进化。

所以在这种平衡关系中，比之雌性，雄性的色彩越来越鲜艳夺目了。

淡水鱼类的脊背为什么大部分是青色的

不知道你是否爱吃鱼，如鲤鱼、鲫鱼、鲈鱼、黄鱼、武昌鱼……如果你和家长一起去逛菜市场或超市，或者去水塘边看鱼，仔细观察，可能会发现一个有趣的现象，就是那些生长在淡水中的鱼，它们的脊背大部分都是青色的。那么，到底这是因为什么呢？

▲ 脊背是青色的淡水鱼

因为鱼生活在水中，面临着“物竞天择，适者生存”的“苦恼”，所以如何不让“敌人”发现它，成为保证它安全成长的重要任务。鱼的肤色是它的保护色，对于淡水鱼类而言，它的背部是深色的，且偏向于青色。这是因为，从高处向河中看，鱼背的青色与周围的水色是一致的，这样就更加容易躲避外来攻击或捕捉。同理，淡水鱼类的腹部常常是比较浅淡的白色，这是因为从水底向上看，天空的颜色也是相对较浅的，所以，这样也就不容易成为其他鱼类的猎物。

猴子屁股为什么是红色的

我们经常形容一个人脸红得就像猴子的屁股一样，那么，你有没有想过，猴子的屁股为什么是红色的呢？关于这个问题，既有童话版的传说，也有真实的原因。那么，先让我们听一下这个可爱的故事吧！

童话版的解释是，因为猴子和螃蟹在森林里捡到了蜂蜜，猴子想独占蜂蜜，就邀请螃蟹到自己家一起吃，一进门，猴子就用桶将螃蟹扣住，自己坐在桶上吃蜂蜜了。螃蟹对于猴子见利忘义的行为非常生气，就用自己锋利的钳子，在桶的顶端开了两个口子，去夹猴子的屁股，将它的毛夹掉了，还让屁股变红了！

实际上，猴子屁股上是有毛的，但是因为其经常会坐卧，不

▼ 猴子

断的摩擦使得其屁股上的毛发脱落，红色血管更加明显，另外，有些猴子屁股上生长着红褐色的赘疣，这两种情况使猴子的屁股变红了。

现在，你明白猴子的屁股为什么是红色的了吗？

变色龙是怎样变色的

说到可以变色的动物，你心中第一个想到的是不是变色龙？似乎变色龙已经成为这些具有保护色的生物的代表了！那么，变色龙到底是怎样变色的呢？

变色龙的皮肤之所以能够变成五颜六色，有一种说法认为，其关键因素在于变色龙皮肤的构成。变色龙的皮肤有三层色素细胞，表层第一层细胞是由红色素和黄色素组成，中间层则是控制暗蓝色素，而最里面的一层是由载黑素细胞构成的。这三层色素细胞是可以在皮肤的各个层次进行交融转换的，正是因为如此，变色龙就能根据外界的环境色彩，做出应激反应，“调取”自己需要的色素细胞，这种“调取”属于神经学的调控机制。

另一种说法认为，变色龙是靠调节皮肤表面的纳米晶体，通过改变光的折射路径而变色的。

总之，变色龙变色既与环境中的温度、光线有关，也受变色龙自己的心情的影响，这些外因与内因相结合，使得变色龙变出了各种颜色。变色龙的变色行为一方面起到自我保护的作用，使

▲ 红色的变色龙

▼ 绿色的变色龙

自身颜色与环境色趋同来避害，另一方面，把自己变得显眼以示警告。

小贴士

变色龙平静的时候是绿色的，但是它遇到危险时会变成红色来恐吓敌人。

人类的肤色为什么不一样

每当我们照镜子时，都能看到一个黄色皮肤的自己，我们也听说过或者见过，这个世界上，还有黑色皮肤的、白色皮肤的人。那么，为什么我们同为人类，却有着不同的肤色呢？

地球上有着黑、白、黄、红、棕色等多个人种，最常见的是黑、白、黄三色人种。这些人种中，不仅每个人种之间的肤色有着巨大的差异，在同一种族之间，不同的人肤色也有差异。根据科学家的研究，最初，人类肤色并没有太大差异，但是在他们迁徙到各个地方以后，生活环境等发生了变化，才有了肤色的变化。

一般而言，人类皮肤的颜色主要是由皮肤中的黑色素决定的。黑色素是从棕色到黑色的一种颗粒，它位于皮肤表皮层与真皮层之间，可以使得皮肤从黄色到黑色进行变化。黑色素的作用

▲ 不同的肤色

就是阻碍阳光伤害人们皮肤细胞，在太阳光强烈的时候，皮肤生成的黑色素就会增加。居住在热带地区的人们，由于长时间在太阳下暴晒，比起其他地区的人，体内的黑色素水平显著偏高，所以肤色会偏黑。白种人多生活在高纬度的寒冷地区，阳光照射强度较低，照射时间较短，因此皮肤中黑色素少，所以肤色白；黄种人呢，皮肤颜色介于黑、白人种之间，他们生活在温带地区，体内的黑色素水平也在黑、白人种之间。人体皮肤中黑色素的水平不同，一方面是由于长久以来的自然选择决定的，是先天的；另一方面也随季节、环境等的改变而变化，比如在夏天，温度升高、紫外线强，会使得皮肤变黑。

除皮肤中的黑色素外，能够影响皮肤颜色变化的还有皮肤中血液的供应量和皮肤的厚度等。

人的头发为什么会变白

我们很小的时候，就可以通过头发的颜色来大体辨别人的年龄。看到白发苍苍的老人，我们会甜甜地喊声“爷爷奶奶好”，而看到头发乌黑发亮的年轻人，则会叫叔叔阿姨。似乎在我们幼时的认知中，白发就是老年人的象征。人的头发一般都会随着年

▼ 黑色毛发与白色毛发

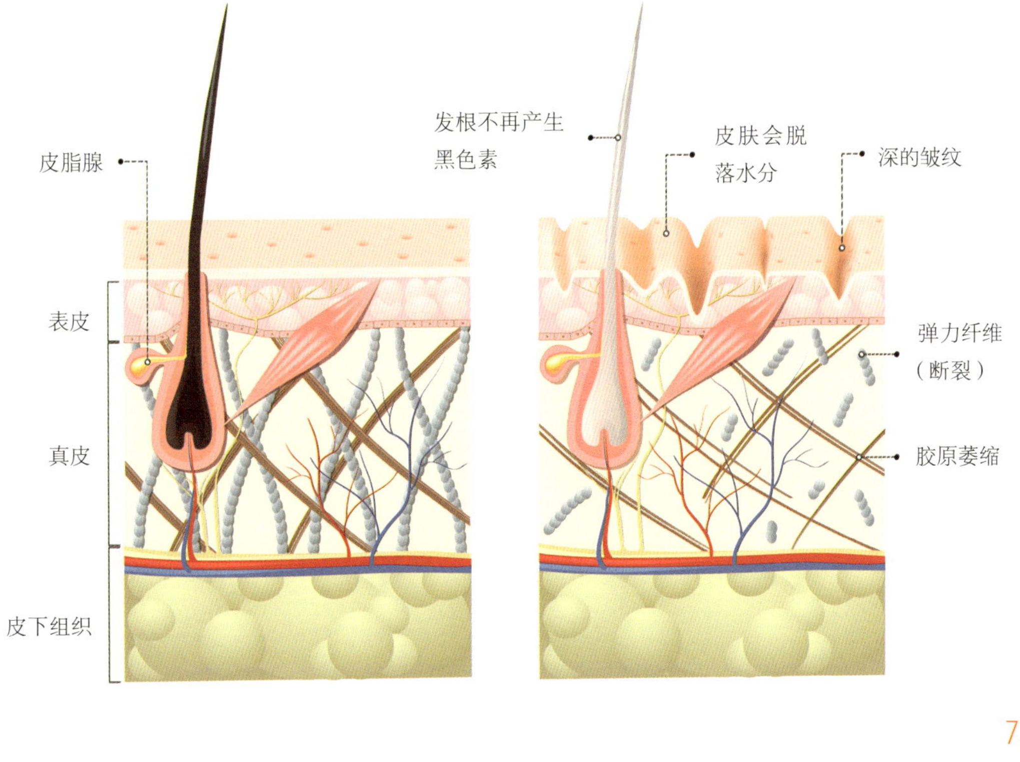

龄的增长渐渐变白，这到底是为什么呢？

让我们先来了解一下头发的结构。在每根头发的最外层都包裹着一层透明的角质细胞，它们像鱼鳞一样层层排列，其功能是保护头发免受损害。角质细胞层下面一层是纺锤状的黑色素细胞，这些黑色素吸收一种重要的物质——“酪氨酸”，二者进行化学反应之后会生成褐黑色的颗粒，正是这些决定了亚洲人种的头发颜色。虽然同为黑色，但为什么有的人头发偏黄，而有的人头发却是乌黑的？这取决于黑色素的数量，可能有的人头发中黑色素含量高，就会显得更加乌黑一些。

在头发的最里层，是一些核心的方状细胞。当人逐渐衰老，体内的各种机能也在走下坡路，与此同步的就是新陈代谢能力的下降，生成黑色素的能力也变得很差，同时这些作为生产者的细胞也在不断地衰老和死亡，使得头发中的黑色素粒子逐渐减少，直到完全没有，这时候，我们就会看到满头的苍苍白发了。

小贴士

白发不仅仅是老年人的专利，也有一些人在青少年时期就有白发，也就是所谓的“少年白”。与老年人头发变白不同，“少年白”只是体内的黑色素含量水平低而已，所以有“少年白”的同学不要自卑。

为什么深色皮肤的孩子长大了更容易成为短跑健将

喜欢体育节目的孩子应该都喜欢看奥运会，在奥运会上，100 米短跑比赛是一个激动人心的项目。在世界 100 米短跑比赛的前几名中，大多是深色皮肤的人，博尔特就是其中一个非常突出的代表。

为什么深颜色皮肤的孩子长大后更容易成为短跑健将呢？原因主要有两个。

一是由于深色皮肤的人大多生活在热带草原，那里常年缺水，孩子们小时候往往不擅长游泳，但是却在追逐打闹中练就了奔跑的特长。另外，深色皮肤的人不容易被晒伤，这就让他们更加喜欢在烈日下练习跑步。

二是身体的原因。在世界上的几个人种中，深色皮肤的人种是身体素质最好的，他们的身体健硕有力，肌肉非常发达，很具有爆发力，特别适合 100 米短跑等对爆发力有要求的竞技体育项目。

在奥运会上，从比赛结果看，不同地区的人擅长的项目一目了然，浅色人种适合参与对持久力要求高的项目，例如游泳等，而深色皮肤的人则更适合参与对爆发力要求高的项目，这些都是由身体素质决定的。小朋友在锻炼的时候，也要找适合自已身体素质的项目，这样才能达到一定的锻炼效果，得到一个棒棒的身体！

世界上有没有蓝色的血液

我们的手不小心被划破时，会流出红色的血液，假如我们的手流出了蓝色血液，你会有什么反应呢？我们都知道血液是红色的，那么世界上有没有蓝色的血液呢？

▼ 静脉曲张的血管

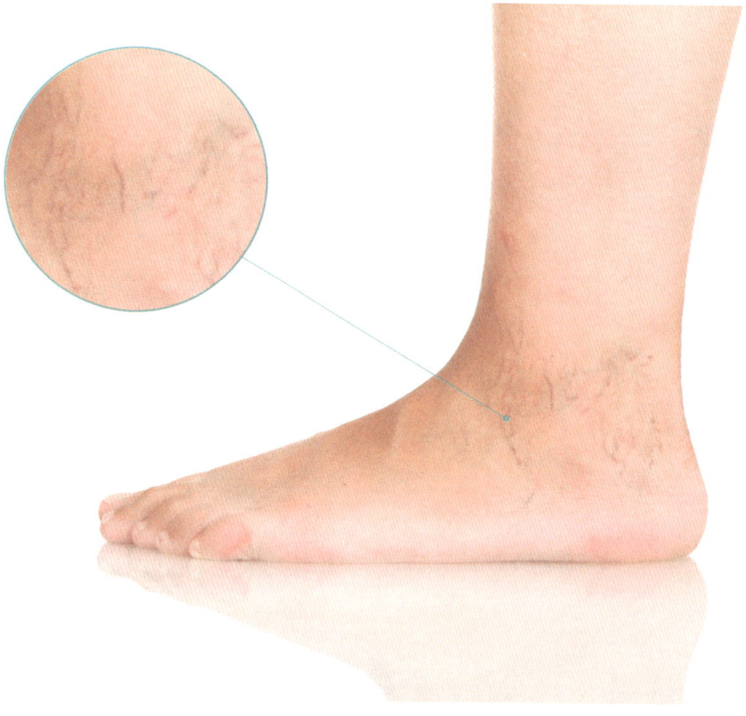

在西方文化中，时常有人标榜自己是蓝血人，以显示自己高贵的身份。因为在一些古老的文化当中，他们认为贵族的血液是不同于普通人的蓝色，认为纯正的贵族都是蓝色血液，他们最喜欢将自己雪白皮肤上清晰的蓝色静脉血管展示给人看。这种传统观念也影响了文化，“blue blood”就指代那些贵族们。

我们透过皮肤看到的血管也是蓝青色的，这主要是因为红色光渗透皮肤的能力要大于蓝色光，且血管一般较深，蓝紫色的短波光容易被反射，所以血管会呈现蓝色。这才是欧洲贵族们误以为自己的血液是蓝色的原因。

但是，事实上的确有蓝色血液的动物，例如乌贼、章鱼等，它们血液中含有的是血蓝蛋白而不是血红蛋白，血蓝蛋白中含有铜元素，所以呈现蓝色。也就是说，蓝色血液是血液缺铁富铜的产物。

第四章

给文化点“颜色”看看

当我们畅游了五彩缤纷的自然界之后，我们再次把目光转向人类的文明与文化之中，似乎发现，不论是中国人还是外国人，我们都喜欢用颜色来类比，颜色成为某种具有象征意义的喻体。这种用色彩来比附含义的做法，实在是充满了机智与魅力，让我们初见时有着迷惑与不解，明白以后又忍不住拍案叫绝。那么，让我们再次遨游在人类的智慧之中，感受色彩的魅力吧！

黑名单是黑色的吗

在生活当中，人们常常用黑名单来比喻一些被视为负面的、被列入被否定名录的东西。

黑名单其实最初是从英国的牛津、剑桥等知名学校流传开的。中世纪初，对于行为不端的学生，把他们的姓名与做法都写在黑色封皮的书上，就叫作黑名单，作为某种惩罚措施，上了黑名单的学生会名誉扫地。这种方式也被商人所用，来记录那些赖账的不守信用的顾客，号召所有人都不再给这些人赊账。随着这种做法的推广，各行各业都兴起了这种黑名单。这种做法被固定下来是在 1950 年美国国会通过的《麦卡伦法案》，在这个法案当中，他们编制了形形色色的黑名单，并且按照名单逮捕人员，宣布美国处于“全面紧急状态”。

如今，黑名单被广泛地应用在日常生活的各个领域，用作对一些负面人物、信息等的标示，上了黑名单的人、物等就处于一个受人关注的状态，但是这种状态并不是好的，而是人人避之不及的。比如说在每年的 3 月 15 日，中央电视台都会举办专题晚会曝光一些黑心的企业、商品等，将它们拉入消费领域的黑名单。同时，现在金融、经济领域的“诚信记录”等也是一种黑名单效应，有过不良信用记录的人在贷款等方面就处于不利位置。

所以大家一定要遵守信用，避免自己被列入黑名单哦！

▲ 黑名单

婚纱为什么大都是白色的

我们都参加过婚礼，见过穿着不同样式婚纱的新娘子。在各种美丽的婚纱当中，白色的婚纱最为主流。那么，你思考过为什么婚纱大多数都是白色的吗？

婚纱是非常西式的服装，现代的婚礼大多数也是西式的。实际上在 19 世纪之前，新娘们并非都穿着白色的婚纱，而是有着多种多样的选择，有着更多的自我偏好。但是在 1820 年左右，由于英国维多利亚女王的一套美丽绝伦的白色婚纱，将其显得纯洁而优雅，使白色婚纱成为少女们的心头所爱，并逐渐成为传统而流

▲ 白色婚纱

传下来。而且西方的婚礼多在教堂中举行，白色代表着对神的尊重、真诚与忠贞，这使得白色在婚纱中具有尊贵而崇高的地位。

欧洲的潮流随着西方文明的扩张传遍世界，改变了很多地方传统的婚纱颜色。比如，中国传统的结婚礼服是红色的，表示吉祥而美满，但是现在世界各地主流的婚纱颜色都是白色的，也有一些新派的年轻人会选择粉色系的婚纱衬托出新娘子的柔媚与可爱，还有一些更加时尚的新娘子敢于尝试在粉色或白色的婚纱上装点深色的辅助色，造成强烈的色彩效果，引人注目。

下次再参加婚礼的时候，你也可以关注一下新娘子漂亮的婚纱到底是什么颜色的哦！

投降时为什么要举白旗

你一定看过战争片吧！在战争片中，我们有时会看到投降的场面，比如说，走投无路的失败者，为了求生而放弃继续抵抗，就把双手手掌朝前举在头两旁，或者是举起白旗表示投降停战。那么，你有没有想过为什么投降要举白旗呢？

在很久以前，人们以白色作为象征，表明自己想要谈判的诚心，战争的双方用白旗来示意想要停战谈判。举白旗的一方需要派出一支“代表队”去对方的指挥部门说明他们的意图，这支代表队多包括军使、号手、旗手、翻译等，双方商谈条件，在举白旗的一方回到自己大本营的过程中，他们具有不被伤害的权利。

▲ 举白旗

在实际的战争中，由于举白旗的多是在战争中处于下风的一方，他们去谈判的内容也是通过“割让”一些自己的利益来请求停战，所以会被认为是投降。实际上，白旗在战争法当中，有着更加确切的含义，就是暂时停战，而并非人们所普遍理解的“投降”。

关于举白旗在中国和古罗马的记载中都有，是东西方各自独立发展起来的。那为什么选择白色呢？说法有很多，例如：在技术不发达的古代，白色的布料较容易获得；白色在中国是秦国（黑色）的反色，源于刘邦取关中灭秦；西方对于白色也有“一无所有”的认知；等等。

京剧中的红脸、白脸、蓝脸、绿脸等都有什么含义

京剧是中国的国粹。京剧非常重视脸谱，而脸谱则与色彩有着密切的联系，不同颜色的脸谱代表着不同的含义。

人们常会提到“红脸的关羽”，所谓红脸常常象征着正义、耿直、忠诚与血气方刚，在京剧当中，著名的红脸形象就是关羽，还有《斩经堂》中的吴汉。不过“红脸”也不完全都是正面的意思，还有一些负面的含义，例如反讽某人是假装的好人等。而白脸则多表示狡诈而阴险，例如曹操、严嵩等，都是著名的白脸人物。蓝脸表示刚直不阿、桀骜不驯的个性，窦尔敦、马武是代表人物，不过这里的蓝色并不是涂满整张脸，而是三块瓦的形状。除这些颜色外，还有绿色的脸呢，这似乎是很特别的脸色，常常在刻画绿林好汉整体形象的时候用到，所以联想到这些人的个性，大致了解绿脸代表着勇猛、剽悍而仗义。

除此之外，还有什么颜色的脸谱呢？黑脸的包拯、张飞、李逵，象征严肃、正直而有力量等；天上的神仙们就常用金色脸谱来表现，比如二郎神等；紫色的脸谱，则表示严肃、正义而稳重的人，比如徐延昭。

根据上面的介绍，你应该了解了，其实这些脸谱的颜色是会说话的，它们会默默地告诉我们一些隐含的信息，这就是脸谱所

▲▼ 京剧脸谱剪纸

具有的象征性与夸张性。了解了这些，你是不是对京剧脸谱更有兴趣了呢？

“大红大紫”有什么含义

你有没有听说过“大红大紫”这个成语呢？如果我们看电视、听广播，听周围人的议论，可能就知道这样的说法实际上是很常见的，大多在形容一个人非常受欢迎的情况下使用。那么，我们为什么使用红色和紫色来表示一个人的受宠和受欢迎，而不使用蓝色和绿色，说“大蓝大绿”呢？

这一点，就与中国的历史有关系了。在中国古代，颜色是有着定义与等级的，与官服制度也有密切关系。最初中国古代正色只有青、赤、黄、白和黑五种，而紫色属于间色，是卑劣的颜色，但是春秋首霸齐桓公特别喜欢紫色，《韩非子》中说“齐桓公好服紫，一国尽服紫。当是时也，五素不得一紫”，所以，从春秋时起，紫色就成为尊贵色。在南北朝时期创立了五等公服制度，其排序为朱、紫、绯（深红色）、绿、青。而到了唐朝，五品以上的官吏的服饰是红色的，而三品以上的官吏，服装是紫色的，这些官员因为自身的地位高，且受到皇帝的宠爱和赏识，就成为“红人”。也因为这样，“红得发紫”就象征了一种成功者的人生境况。相反，青色就象征着不得意了，所以“青衫”也就代指失意遭贬。白居易的“江州司马青衫湿”中的“青衫”正是这个意思。

▲ 穿黄袍的中国古代帝王

“青黄不接”有何深意

在我们所了解的有关颜色的词语当中，“青黄不接”应该是相对陌生的一个了。那么，让我们一起来走近这个成语，去探寻这个与色彩有关系的成语背后，有着什么样的深意吧！

实际上，在这个成语当中，青与黄并不是完全代表颜色的词，而是一种比喻，青色比喻田里刚刚长出的青苗，而黄色则比喻满田金灿灿的成熟稻谷，这种青苗和稻谷之间相差的是一季稻子，也就是说，当旧的粮食已经耗尽，然而新的稻谷还没有长出来时，人们就处于一个很尴尬的时期，这种前后衔接不上的时期和情况就会被称作“青黄不接”。

关于“青黄不接”的说法，最早出现在《元典章·户部·仓库》中，“即日正是青黄不接之际，各处物斛涌贵”，也就是说这个成语最早是用在比喻物力、财力方面，之后，其用途逐渐扩大，在人力等方面也常常使用，指的是资源缺乏，或者是说前后、新旧衔接不上。在中国，著名的“青黄不接”的时期是五四新旧文化交替的时候。胡适在《国学季刊发刊宣言》当中说“在这个青黄不接的时期，只有三五个老辈在那里支撑门面”，就是形容这一时期国学研究方面后继无人的状况。

▲▼ 农田

中国古代为什么将史书称作“青史”

在古文中，常常将史书称作“青史”，为什么我们不说是“红史”“蓝史”“黄史”，而只是说“青史”？我相信，你也有这样的疑问，那么，我们就一起来探究为什么中国古代的史书会被称为“青史”吧。

在中国古代，没有发明纸张之前，人们记事的工具是竹简，而竹子的颜色多为青色，所以这里的“青”指代竹简。所谓竹简就是那些并排串起来的竹片，其形状类似于“册”字，这也就构成了书籍的一种基本单元。而“史”则很自然地指代史书或历史。古代有时候也会将史书称作“汗青”，这主要是因为竹子的表层是竹青，其中含有大量的水分，对于制作书籍而言是有很大

▼ 竹简

的弊端的，一方面不容易在上面刻字，另一方面则是容易生虫，所以人们就将竹子放在火上炙烤，在烤的过程当中，会有水分蒸发出来，就像竹子流汗一样，这个过程被称为汗青，其实也就是常说的“杀青”。

小贴士

关于青史，最著名的诗歌当属南宋著名的文天祥的《过零丁洋》中的“人生自古谁无死，留取丹心照汗青”。另外，还有杜甫的《赠郑十八贲》中提到的“古人日以远，青史字不泯”。

“青出于蓝而胜于蓝”是怎么来的

在日常生活中，我们想要表扬一个人比自己的老师或师傅更加厉害的时候，常常会用到“青出于蓝而胜于蓝”这个俗语。那么我们为什么用“青出于蓝而胜于蓝”呢？青色与蓝色有什么差别呢？为什么不用红色、黄色、紫色等进行类比呢？是不是读者朋友们的脑海里立刻就浮现出了以上问题？下面，让我们一起探索“青出于蓝而胜于蓝”的意义吧！

“青出于蓝而胜于蓝”中，青指的是靛青颜色，而蓝则指

▲ 蓼蓝

的是蓼蓝。蓼蓝是一种草本植物，因为叶子中含有尿蓝母而可以制作蓝色染料。现在很多少数民族依然用此进行蜡染，如瑶族、侗族等。而青色，在古文中是介于蓝、紫之间的颜色，而非今天所理解的介于蓝、绿之间，它是从蓼蓝中提炼出来，用蓝色调和而成的颜色。一方面，它比蓝色更深；另一方面，在中国古代，人们对它的喜爱超过蓝色，所以才有“青出于蓝而胜于蓝”的说法。

这样的说法，在古文当中也很常见，例如著名的《荀子·劝学篇》当中就有“青，取之于蓝，而青于蓝；冰，水为之，而寒于水”的说法，北魏李谧学习刻苦努力，学问甚至超过了指导他的老师孔璠，所以他的同门们都称他“青成蓝，蓝谢青，师何常，在明经”。所以说，这个俗语是带有比喻性质的，常常用来说明晚辈超过长辈、后人超过前人、学生胜于老师等情况。

希望小读者们努力学习，也能够“青出于蓝而胜于蓝”！

红绿灯和英国女性衣服的颜色有什么渊源

在上下学的路上我们通常都会经过十字路口，自然也就经常看到路口边上的红绿灯。“红灯停、绿灯行，黄灯要注意！”这是我们从小就熟稔于心的。可是，你们肯定想不到红绿灯的发明居然和英国女性衣服的颜色有关。

19 世纪初，在英国中部的约克城，红、绿装分别代表女性的不同身份。穿红色服装的人一般表示是已婚女性，而穿绿色服装的女人则表示是未婚女性。因为当时的英国伦敦经常发生一些交通事故，人们一直在寻找可以减少交通事故的办法。受到红绿装启发，于是就有人提出能不能发明一种像红绿服装一样具有严格区分意义的信号提示物。

信号灯家族的第一个小伙伴于 1868 年 12 月 10 日在伦敦议会大厦的广场上诞生，它的设计者是当时著名的铁路信号工程师

▲ 红绿灯

德·哈特。信号灯的原型就是一个煤气交通信号灯，大约 7 米的灯柱，灯柱顶端挂着一盏红、绿两色的小提灯。但后来发生煤气灯爆炸意外事故，信号灯被取缔了一段时间。直到后来“电气信号灯”产生，交通信号灯才再次出现。

因为红绿色衣服而诞生了红绿灯，你或许还在感慨科学的神奇，但也别忘了要多加思考并联系身边的小细节哦，说不定长大以后也会是个了不起的科学家呢！

平时穿白大褂的医生在手术室里为什么穿绿色外衣

医生是守护我们生命的天使，我们印象中的医生是这个样子的：身着干净整洁的白大褂，面带微笑，温和可亲。但是，小朋

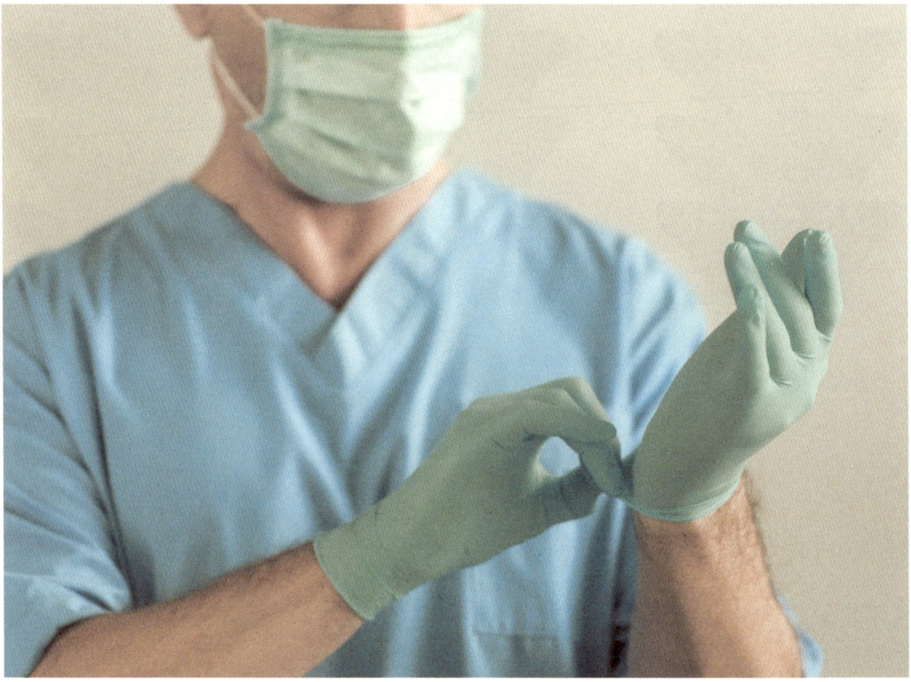

▲ 手术服

▼ 白大褂

友们要注意了，医生不只是“白衣”天使，工作中的他们也有穿其他颜色衣服的时候哦！

我们在电视节目里看到手术室里的场景，发现那里的医生身上穿的是绿色衣服而不是白色衣服，这是为什么呢？这里我们需要思考一下白大褂和手术服的区别。白色是纯洁的颜色，使人感到镇静、安详。而绿色的手术服，是专为医生做手术准备的。这里面有很多说法。

手术服做成绿色主要有两个效果：一是它沾上血液后不会太过明显，显得干净整洁；二是避免所谓的视觉暂留，人的眼睛在长时间观看一种色彩时，视神经因受刺激而容易疲劳，为了减轻这种疲劳，视神经便会利用一种补色来进行自我调节。举个例子，当我们长时间地观察画在一张纸上的鲜艳欲滴的红玫瑰后转移视线到另外的白纸上，我们的眼前会浮现出一朵浅绿色的玫瑰。这是因为，浅绿色是红色的补色。医护人员在进行手术的时候，一双眼睛时常盯的是红色的血液，经过长时间手术操作，如果周围人的衣服都是白色，他们就会“看到”附着在白色衣服上的“绿色”的血迹，自然会影响到他们继续做手术。所以，为了避免这种现象的发生，采取的解决方法就是使用浅绿色的衣料，这样就可以相对减轻“绿色的错觉”，也可以缓解视疲劳。

原来绿色手术服里藏着这么多的科学道理啊！你明白了吗？

▲ 身着中国传统婚礼礼服的新郎、新娘

▼ 身着日本传统结婚礼服的新郎、新娘

各国在颜色上都有什么禁忌

每个国家都会有自己的一些禁忌，知道这些常识，我们才可以更好地认识各国的文化。

以巴西为例，巴西人觉得紫色代表悲伤，棕色预示着凶丧之兆。他们甚至认为一个人的去世就好像从树上落下的枯萎黄叶，所以，他们特别忌讳棕黄色，认为棕黄色使人陷入绝望。另外，巴西人还认为深咖啡色会招来不幸，所以，非常讨厌这种颜色。

每个国家在装扮上都会有关于颜色的忌讳，在日本，黑色被用于丧事，红色被用于举行成人节和庆祝60大寿的仪式。而在中国，白色被用于丧事。另外，日本人喜爱红、白、蓝、橙、黄等色，禁忌黑白相间色、绿色、深灰色。意大利人喜欢绿色和灰色，就连意大利的国旗都是绿、白、红三个平行相等的长方形相连构成的。

去不同国家或地区的时候，一定要注意自己所穿的衣服或送东西的颜色和图案哦！

第五章

关于吃喝的那些事

中国有句古话说“民以食为天”，讲的就是食物对于我们的意义。不管是儿童还是成年人，人们每天都要吃饭，一日三餐，顿顿不能缺少，但是有没有人想过食物当中有什么样的营养物质？那么什么样的物质才能被人类叫作食物？冷冻的食物有没有热量？食物究竟有着怎样的存在价值？

“萝卜白菜，各有所爱”是不是真的有道理

“萝卜白菜，各有所爱”，这是当下很多人的观念，主张个性，随心所欲。那么真的是喜好什么就接受，不喜欢就抛弃吗？下面我们以吃饭为例，来说明“萝卜白菜，各有所爱”是不是真的有道理。

为什么要合理搭配膳食呢？这需要从人体日常吸收的营养说起。人体每天都要摄入适量的营养，来满足自身生命活动的需要，完成一系列的新陈代谢。而人体吸收的营养主要就来自于食

▼ 应合理搭配营养

物，因此为了满足人体所需的各种营养，就要对各种食物都有所摄取。如维生素主要从水果和蔬菜中获取，糖类主要从米、面中获取，蛋白质主要从肉类、蛋和牛奶中获取……

假如一个喜欢吃甜食的人，从来不管什么膳食的合理搭配，营养的均衡摄取，那么后果只有一个：那就是他的营养摄取中糖类严重超过正常需要的水平，剩余的就在身体内富集下来，会变得肥胖。而且由于他没有摄取其他足够的营养，身体会变得非常虚弱，会逐步发展成为营养不良患者。

所以说，“萝卜白菜，各有所爱”作为一种生活态度的确有可取之处，但它并不是一种良好的饮食理念。在饮食上，最好还是均衡营养，不应太随心所欲。

人不喝水能生存多久

水是生命之源，我们每天都需要补充大量的水来维持自身生命的正常运转。水在人体血液中的含量极高，可以占到血液量的90%；就算是看起来很致密的骨头中，水的含量也可以达到20%。那么一个人一天需要喝多少水才能满足正常的生理需求呢？

据科学研究表明，一个成年人每天通过各种方式，比如排泄、呼吸、出汗等，流失到体外的水大致上有1800～2000毫升。为了使人体处于一个相对稳定的状态，人一天补充到体内的水大致需要2000毫升，这其中包括喝水、吃饭等所有的水分。但是

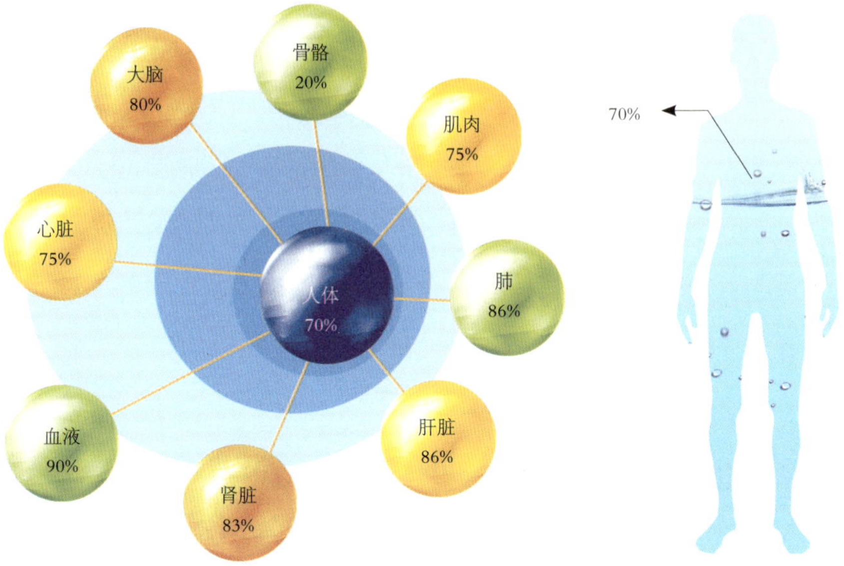

▲ 人体器官含水量对比图

需要注意的是，人体对水的需求量也和每个人所处的环境、运动量和身体功能有关，并不能认为只要补充够2000毫升水，就一定足够了。

要是人不喝水的话，究竟能活几天呢？这个就与很多因素有关了，一般情况下，人不喝水能存活3～10天。

为什么人不喝水就会死亡呢？这是因为人体在失水过多的情况下，人体的血液量会减少，而血液有调节体温的作用，当血液量剧减的时候，人便会高热不退，这也是人在发热的时候，为什么要多喝水的缘故了。还有就是体内水分的剧烈减少，会造成机体代谢的紊乱。一般在7天以后，人体内毒素浓度升高，会产生类似于尿毒症的状况。

小贴士

看来多喝水还是很有必要的，但是又不能盲目地、无限制地喝水，喝太多水的话，会给肾脏造成不必要的压力，适得其反了。

什么是有机食品

有机食品在中国有着严格的行业标准，是真正的健康无公害的食物。那么有机食品到底是何方神圣呢？

有机食品都有以下的特点：（1）只使用有机肥；（2）使用有机农药；（3）全程无公害；（4）取得行业有机认证。有机食物是零污染的食物，可以这样来对有机食物做个简介：是以生命养生命的绿色循环，它以天然的养分来培育人类的各种食物，不存在对人类有害的成分。有机食品在种植之前，该地的土壤必须经过3年的休耕，净化土壤中残余的有害物质。种植所需的种子和幼苗必须是来自自然界，而且没有经过基因工程改造过。

那么是不是存在真正无污染的食物呢？可以肯定地说：世界上不存在绝对不含任何污染物的食品。但是有机食品本身的生长和制作过程严格限制了污染，因此可以看成是无污染的食物。

那么无公害的食品是不是有机食品呢？有机食品在种植的过

Natural
Save the world
Organic
natural product
Organic
natural product
Organic
natural product
Organic
Organic
natural product

▲ 食品标识

▼ 有机种植

程中是严禁使用农药和化肥的，但是无公害食品却不一样，这类食品在种植的过程中允许使用农药和化肥，但是不能使用国家禁止的高毒、高残留农药。

有机食品越来越成为现代人生活中的“宠儿”，相信随着有机食品制度的完善，食品行业肯定会走上更健全、更健康的道路。

食物中的营养物质都有什么

我们每天都在吃各种各样的食物，来获取足够的营养物质，维持我们正常的生命活动。假如一顿不吃饭的话，你可能觉察不到太大的不同，但是一天不吃饭的话，那我们整天都会处于一种无精打采的状态，更不要说更长时间不吃饭了。我们到底能从食物中获取哪些营养物质呢？

在人类的食物中含有六大营养物质：碳水化合物（也就是我们常说的糖类）、脂肪、蛋白质、维生素、无机盐和水。这六大类物质是生命体不可或缺的，但它们所扮演的角色又是不相同的，根据它们发挥作用的不同，我们可以把它们分为：构成物质、能源物质和调节物质三大部分。

蛋白质、无机盐和水是生命体构成的主要物质，在人体内担当了构成者的角色。糖类和脂肪能源源不断为生命体提供能量，属于能源物质。虽然脂肪是人体贮藏能量的主要形式，但是人体正常生命活动所需的能量70%以上是由糖类氧化分解提供的。维生素在人体内起到辅助调节生命体正常活动的作用，我们定义它们为调节物质。维生素是人体生长和代谢所必需的微量有机物。目前已知的维生素有 20 多种，可以分为水溶性和脂溶性两大类。

正是由于能不断从食物中获得营养物质，才使得我们的生命活动像机器一样正常运转。

▲ 均衡营养

食物中的哪种物质会变成人体最重要的物质呢

说到“糖”，大家肯定都不陌生，像我们日常生活中常见到的白砂糖、红糖、棉花糖等。在人体内，也有很多的糖类，并且它们扮演着十分重要的角色，变成人体内最重要的功能物质。糖类作为食物中的六大主要营养物质之一，对人类来说，有着极其重要的作用。那么食物中的糖类进入人体中会直接被利用吗？还是会转换一种形式后再发挥作用？

糖类是一切生物体维持生命活动所需能量的主要来源。在人体内虽然储存能量的有糖类和脂肪，但是直接供给能源的却只有糖类，因此我们说，糖类是人体内最重要的供能物质。

食物中的糖类有单糖和多糖之分，但归根到底都是一些碳、氢、氧元素的化合物，因此又被称之为碳水化合物。食物中这些糖类主要是以淀粉的形式存在。吃馒头，会越嚼越甜，就是因为馒头里面原来以淀粉形式存在的无甜味糖类，在唾液酶的作用下，分解形成有甜味的麦芽糖。

人体汲取糖类的主要途径就是通过小麦、大米等主食，这类食物中最主要的成分就是淀粉，当然还有一些像土豆、红薯这样的淀粉类食物。此外我们还能从一些水果和蔬菜中获取一定的糖分。

小贴士

虽然糖类在人体中不可或缺，但是大量的糖类摄入并不是一件好事，它会导致一些血管疾病的发生。因此，合理的膳食和控制一定量的甜食，就显得格外重要了。

▼ 碳水化合物

我们食物中的脂肪是一种累赘吗

肥胖的人通常脂肪太多。一些年轻人恨不得自己身上没有一点赘肉。既然大家都不想要这种影响身材的脂肪，那是不是食物中的脂肪就是一种累赘呢？是不是我们就不需要脂肪，更不用从食物中摄取这种没用的物质了？

脂肪是动物才有的专属物，植物很明显没有这种物质。脂肪我们并不陌生，五花肉中那些白色的、油特别多的，有别于口感筋道的瘦肉的肥肉，其实都是脂肪。它们蓄积了动物体内大量的能量，成为动物体内能量过剩后的储存场。在亿万年的进化过程当中，假如脂肪没有作用的话，它早就被淘汰了。既然保留下来，必然有它的作用，脂肪可以提供能量、御寒、保护内部组织等。

食物中的脂肪主要是一些肥腻的肉制品、坚果类和一些油炸食品等，这些都是富含高热量的食物。如果大量进食这类食物的话，会造成体内能源物质的富集过剩，从而在人体内自主转化为脂肪而存储起来，人就会变得很胖，科学研究表明：肥胖人群的冠心病发病率要远远高于其他人群。

任何食物的摄入都必须稳定在一个合适的范围之内，虽然脂肪的富集有诸多坏处，但我们也不能因噎废食，极度地追求苗条身材，那样的话，缺乏脂肪也会对身体健康造成伤害。

▲ 坚果

▼ 富含脂肪的奶酪

从食物中获取的蛋白质在人体内发挥什么作用

我们可以把食物中的营养物质分为三大类：构成物质、能源物质和调节物质。对于那些能够直接用来构成人体的营养物质，自然是我们从食物中汲取营养的首选了。蛋白质属于构成物质，那么蛋白质在人体内到底有着怎样不可替代的作用呢？

蛋白质是生命组成的物质基础，可以说，没有蛋白质就没有生命。生命体是由无数的细胞构成的，就像一幢建筑物是由无

▼ 富含蛋白质的肉类

数砖瓦构成的一样，而这些构成我们身体物质基础的细胞，都与蛋白质有着密切的关系。此外，蛋白质还以一些特殊的存在形式（比如酶等催化剂物质）参与人体的一些重要的生命活动，而且这种参与是必不可少的。所以才会称蛋白质是人体的构成物质。

一些食物中的蛋白质含量极高，是人体补充这种营养物质的首选：一类是奶、蛋、肉类等动物蛋白；另一类是豆类和核桃、杏仁等植物蛋白，这两类是我们获取蛋白质的两大食物来源。其中我们最为熟悉的是鸡蛋、牛奶和豆浆，它们是我们饭桌上的常客。由于动物蛋白与我们的人体蛋白更近似，相比较来说，动物性蛋白质比植物性蛋白质营养价值高。

可以毫不夸张地说，蛋白质是组成我们人体的基石，那么对于如此有价值的物质，就需要我们在日常饮食中多加摄取了。

为什么有的食物即使是冰冻的也含有“热量”

当气温很高的时候，我们能直观地感觉到：今天很热。这个“热”是人能够实实在在感受的热，也就是温度高。在用来描述事物特性的词汇中，有个词叫作“热量”，那么这种热量究竟是蕴藏在食物中的什么物质呢？为什么当食物被冰冻之后还有热量呢？

▲ 植物蛋白

▼ 冰冻的食物也是有热量的

最初，热量是物理学中的名词，用来描述物理传递过程中能量的多少，国际标准单位是焦耳。而食物中的热量则是指单位该食物完全被氧化消耗能够释放的能量，为了方便，人们通常用卡路里做其单位。人每时每刻都在消耗能量，人体的能量来源主要是食物中的糖类和脂肪，当这些储能物质被氧化后产生的热量就被用来维持生命、生长发育和运动。每天人体内产生的热量基本上有三种消耗途径：（1）基础代谢消耗，约占总热量的65% ~ 70%；（2）身体活动消耗，约占15% ~ 30%；（3）食物的热效应，占的比例最少，约占10%。

食物的热量是食物的一种固有特性，是食物本身蕴含的能量，并不是只有热的食物才具有热量，而冷的食物就没有热量。

各种食物含有的热量各不相同，其中含有热量相对较少的食物是蔬菜；含有热量相对较多的是一些甜食和肥肉。当人体摄入过量的热量时，这些热量不能及时被机体消耗，就会富集在人体内，人也就会变胖。当人体热量摄入不足的时候，不能满足机体的正常生理需求，人体本身就会受到很大的影响，因此热量要适当摄入。

为什么要提倡多吃蔬菜呢

根据现代的一些饮食理念，多吃蔬菜少吃肉，生活才能更健康。很明显，肉类比蔬菜既美味又含有更多的能量，那么为什么

▲ 营养丰富的蔬菜

现在要提倡多吃蔬菜呢?

随着社会的不断发展，人类对于食物的需求已经不仅仅是填饱肚子了，现在的人们要求更健康、营养的食物。现代社会越来越多的人患上“富贵病”“三高”（高血糖、高血脂、高血压）等，也使得人们开始寻求健康的饮食之道。

蔬菜可以为人体提供所需维生素A的60%和维生素C的90%。可以说，人体所需要的维生素和各种必需微量元素都是从蔬菜中摄取的，而且一些比较特殊的蔬菜，还能在治疗某些疾病方面发挥重要的辅助作用。

正是由于上面的这些原因，我们才提倡多吃蔬菜。

饮料真的能代替水吗

饮料是指以水为基本原料，经过加工制造供饮用的液体，不同品种的饮料含有不同的营养成分。既然饮料除了水之外，还有多种营养物质，那么是不是只要喝饮料就不需要喝水了呢？会不会有一天，饮料能代替水呢？

有的人喜欢喝果汁，觉得喝果汁既解渴，又酸甜可口，而且营养丰富，其实这种想法是错误的。因为，市场上真正的天然果汁并不多，而且在加工的过程中，水果中的营养会遭到破坏，为了追求饮料的“高性能”，饮料中也经常添加色素、糖精以及防腐剂等，这都会对人体的肝脏造成很大的负担。

最解渴的还是白开水，而且白开水进入人体后能很快参与到机体的代谢过程中去。生水中可能有多种对人体不利的物质，而经过煮沸的水能杀灭生水中绝大多数的细菌，因此我们要喝烧开的水。科学研究表明：常喝白开水的人，体内脱氧酶的活性高，不容易疲劳，而且多喝白开水有利于代谢废物的排出。

当然适量饮用饮料，对人体没有太大的影响。但是，我们可以肯定：饮料不能代替水。

▲▼ 饮料与水

为什么喝完可乐会打嗝儿呢

天气炎热的时候，来一瓶冰镇的可乐，是非常惬意的事了。但是在喝完可乐之后，你会发现一种奇怪的现象：肚子会发胀，而且还会打嗝儿。为什么会有这种现象发生呢？

可乐是市场上一种极为常见的碳酸型饮料，这种饮料里面有大量的气体。这些气体是在高压低温的情况下被强制压缩到饮料中去的，当饮料进入人体后，一方面由于没有了那么大的压力，另一方面由于吸收了人体内的热量，所以原本“隐藏”在液体中的这些二氧化碳气体，就由原来的液体存在形式又变成了气

▼ 可乐

体，这些气体在人体的胃中大量积聚，你便会觉得肚子胀，而这些气体最终都要排到体外的，那么你就会不断地打嗝儿，让这些气体排到体外。正是在这个过程中，热量被带走了，人就会觉得凉爽了。

碳酸型饮料有良好的口感，而且能有效地降温消暑，因此受到很多人的追捧，但是你是否知道，这类饮料对人体有极大的危害呢？研究表明：碳酸型饮料会对骨骼和牙齿造成不良影响；容易使人长胖，而且不具有解渴的效果，只会越喝越渴；对神经系统有一定的影响，长期大量饮用还容易导致肾结石；更有甚者，部分碳酸饮料可能会导致人体细胞严重受损。因此这类饮料还是少喝为妙。

零食为什么能“俘获”那么多人的心

提到零食，估计对大多数人都有着难以抗拒的诱惑力吧，这些总是能让我们味蕾大开的食物，为什么有着比主食更让我们爱不释手的“超能力”呢？今天我们就来探究一下，为什么零食能“俘获”那么多人的心？

一些心理学家认为，吃零食能释放压力。人们吃零食的目的并不仅仅是满足填饱肚子的需要，而在于对紧张心情的缓解或者排遣无聊的时间。吃零食的时候其实是一种注意力的转移，从而消除对一件事过度的在意。因此，很多人都喜爱吃零食。

小贴士

其实零食这种闲暇时消遣的小食物，吃一点还是没有太大问题的，但是一定要注意零食是否健康，不要吃垃圾食品。此外也不能因为只吃零食，放弃了主食，这就得不偿失了。

▼ 分享零食

是不是只有闻着香的食物才让我们“爱不释手”呢

扑鼻的香气，能勾起我们的食欲，使唾液大量地分泌。闻着香的食物在吸引进餐者注意力方面已经占据了得天独厚的优势。是不是只有闻着香的食物才让我们“爱不释手”呢？有没有怪味的食物闯出自己的天地呢？

说起怪味的美食，以下这么几种食物必定榜上有名。

臭豆腐的历史很久远，大多做法是先用上等的黄豆做成豆腐，然后加入作料等其发酵，最后下油锅炸制而成。闻着臭、吃着香是臭豆腐的特色，臭豆腐中富含植物性乳酸菌，具有很好的调节肠道及健胃功效。但是这种食物在发酵和炸制过程中也会产生一些对人体有害的物质，因此还是少吃为妙。

榴莲是原产于东南亚的一种水果，“臭名远播”，但是一些人却对这种食物爱之如命。别看这种水果有着让人“闻而却步”的气味，但它有很高的营养价值，有活血散寒、强身健体等功效。

怪味鸡是中国四川、重庆地区的特色美食，它的怪主要体现在这种食物将“麻、辣、甜、酸”等多种味道结合在一起，故有“怪味”之称。该食物蛋白质含量高，易消化吸收，有强身健体的功效。

除此之外，还有许多这样的食物。看来，并不是只有闻着香的食物一家独大，那些闻着怪异的食物也能吸引大家的关注。

▲ 榴莲

▼ 臭豆腐

饮食对大脑有什么影响

大脑是人体能量消耗最大的器官，及时补充营养，才能保证思维的持续，你吃什么很大程度上决定你能想出怎样的点子。知道供给大脑正确的“大脑食物”，是提高学习能力的重要一步。

首先，大脑功能、记忆力强弱除了靠积极的锻炼和掌握记忆的规律外，与大脑中乙酰胆碱含量密切相关。一种名为卵磷脂的物质可以生成乙酰胆碱，具有增强记忆力的作用。甚至有人说，卵磷脂可使人的智力提高。例如大麦芽、花生、鸡蛋、薄壳山核桃等都是富含乙酰胆碱的食物，当然众所周知，蛋白质和碳水化合物对于大脑来说是必需品。

▼ 薄皮核桃富含卵磷脂

饮食的顺序也至关重要。那么正餐时，是先吃鱼还是先吃碳水化合物呢？蛋白质中有两种“对抗”的氨基酸——酪氨酸和色氨酸。酪氨酸对大脑能够产生积极的作用，并使其在几个小时内保持精神集中、思维清晰，同时消除紧张和抑郁等情绪。色氨酸的作用恰恰相反，它能够抑制大脑的功能，使人变得瞌睡、懒散，甚至导致智商的暂时下降，这就是为什么在丰盛的午餐后容易昏昏欲睡的原因。如在饭后想保持清醒，那么要先吃富含蛋白质的食品，随后再吃碳水化合物，如米饭、面条等；如饭后想松弛一下或小睡一会儿，那就要先吃主食。

大脑唯一能够利用的能量来源是葡萄糖，而遗憾的是脑内并不能储存葡萄糖，只能通过血液来供应。因此，想要保持大脑清醒，补充糖类很重要。但是不要以为糖类都是甜的，这里的糖指的是碳水化合物，富含淀粉的米饭、土豆、面食都是糖类的重要来源。

好看的食物是不是一定好吃呢

走在森林里的时候，看到各种各样的蘑菇时，人们总会想起一句话，越是漂亮的蘑菇越可能是有毒的蘑菇。在现实生活中，大家都喜欢美的事物，认为美的事物能赏心悦目。那么在人类的食物当中，是不是好看的食物就一定好吃呢？

那些好看的食物，相比较不好看的食物更能吸引人们的眼球，但是这并不意味着只要是好看的食物就一定好吃。就好比毒

▲ 好看的毒蘑菇

蘑菇，越好看则越有毒。

好吃的东西不一定好看，好看的东西不一定好吃。很多大鱼大肉看着十分诱人，但是这并不见得就好，许多人由于膳食搭配得不合理，导致“三高”“富贵病”的发病率升高，而且随着人们饮食的复杂和不规律，都为我们的健康饮食敲响了警钟。

甜味的食物从何而来呢

甜食是人类食物的重要组成部分之一，据考证在中国商朝时期就已经有甜食的存在了。这种添加到食物中的甜味主要是由一

▲ 蔗糖

▼ 甘蔗

些植物或者动物碳水化合物提供的，也就是我们通俗讲的糖。糖的来源多种多样，就中国现在的生产来讲，甘蔗是糖最主要的来源。通常来说，在一些直接烹饪的菜肴中，我们直接加入一些糖，而在一些速食食品中，主要是由一些甜味剂来完成的。这些甜味剂根据来源可以分为两类：天然甜味剂和人工合成甜味剂。

甜食里面蕴含着巨大的热量，因此这类食物吃多了容易发胖。那么有没有吃了不胖的方法呢？糖属于高热量的食物，吃多了会对人体造成损害，经常过多吃糖能使人发生营养不良和贫血等症状，还可能增加冠心病的风险，更有研究说，甜食影响智商。

虽然过量食用甜食有诸多不利，但是适量的甜食可以在某些特定的情况下，迅速补充人体的能量，还能使人处于一种幸福感的氛围里，因此适量、合理的甜食还是很有好处的。

苦能不能也成为一种美味呢

大家都喜欢香甜的食物，但是现在真还有那么一群人就喜欢吃“苦”，这是怎么回事呢？

在现在这个生活水平已经有了极大提高的时代，健康生活越来越被更多的人关注，如何才能吃得健康成为当代饮食的主题。中医学认为：苦味食物有清热、泻火、解毒的功效。那么有哪些苦味食物对健康有益呢？

苦瓜又叫凉瓜，是一种短日照植物。苦瓜性寒，具有清热解毒、清心明目的作用，是夏天预防中暑的必备食物之一。此外苦瓜中含有清脂、减肥的特效成分，可以加速排毒，它还含有一种具有抗氧化作用的物质，这种物质可以强化毛细血管，促进血液循环，预防动脉粥样硬化。苦菜多生长于山坡草地等处，有清热解毒、祛瘀排脓等功效。苦丁茶具有清热解毒、止咳化痰、提神醒脑、降血脂、降低胆固醇等功效，对治疗咽喉炎、高血压等疗效显著。苦杏仁营养十分丰富，是一味重要的药材，具有润肺、消食和散滞气三大功用。

可以看出，不管是哪种苦味的食物，基本上都具有清热解毒的功效，这不难使我们联想到“良药苦口利于病”这句话。原来

▼ 苦瓜中含有清脂、减肥的特效成分，可以加速排毒

不是只有甜才能招人喜欢，苦同样也可以成为一种美味。

肥胖都是吃出来的吗

从物质贫乏的古代社会，到科技文明高度发达的现代，肥胖一直存在，而且随着人类物质生活的提高，肥胖者已经越来越多。我们不禁会问：为什么会有这么多的肥胖者呢？

关于人为什么会长胖这个话题，我们已经有过一些初步的了解，肥胖主要是由于人体摄入的能量大于机体正常生命活动消耗的能量，因此在体内有多余的能量富集起来，并以脂肪的形式储存，经过时间的累计，逐渐形成肥胖。人长胖的过程有两个：首先是脂肪细胞体积变大，这时候减肥的话相对比较简单；后期

▼ 脂肪细胞体积变大

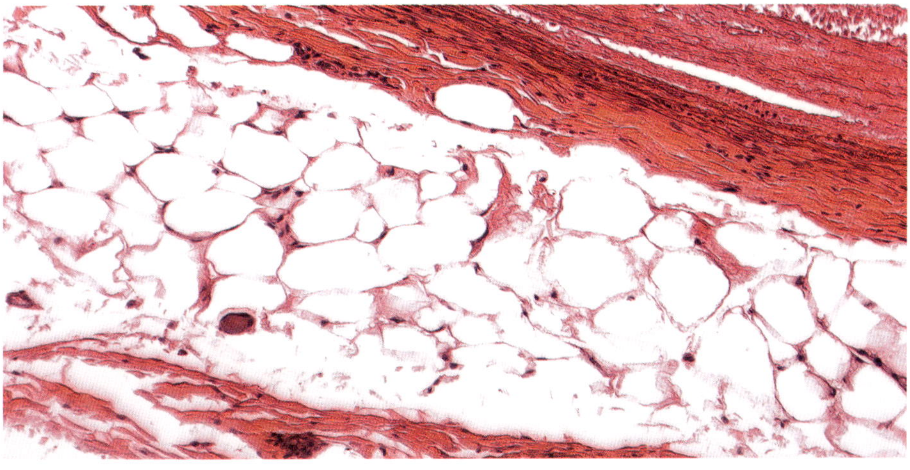

逐渐发展成为脂肪细胞数目增多，这时再想减肥的话，难度就增大了，原因是脂肪细胞的数目并不会因为节食减少。这样来看的话，肥胖与饮食有很大关系。

食物过敏是怎么回事

曾听说过某人在吃海鲜的时候，突然出现呼吸困难、身体局部红肿，而且神志不清等症状，这是怎么回事呢？为什么会有这样的现象呢？

当你在一段时间内没有接触过一种食物的时候，突然接触这种食物，就可能出现上述症状。在医学上，我们把发生这种症状的现象叫作食物过敏。食物过敏主要与某种食物或食品添加剂有关，会导致人体正常运转出现问题。这种病的症状有轻有重，严重的时候如果治疗不及时的话，可能会危及人的生命。

人类的食物多种多样，但是能引起过敏反应的只有很小的一部分，同时过敏与否与个人体质也有很大的关系。常见的能引起过敏的主要有以下几种食物：富含蛋白质的食物，如牛奶、鸡蛋等，这是最常见的能引起过敏的食物；海鲜类食物和一些有特殊气味的食物也比较常见，对于那些有过敏史的人甚至不能闻到某类食物的气味；还有就是某些直接生吃的食物或者一些外来的而且是不常吃的食物。这些是引起食物过敏现象概率较大的食物。

▲ 常常会导致过敏的食物

▼ 皮肤过敏测试

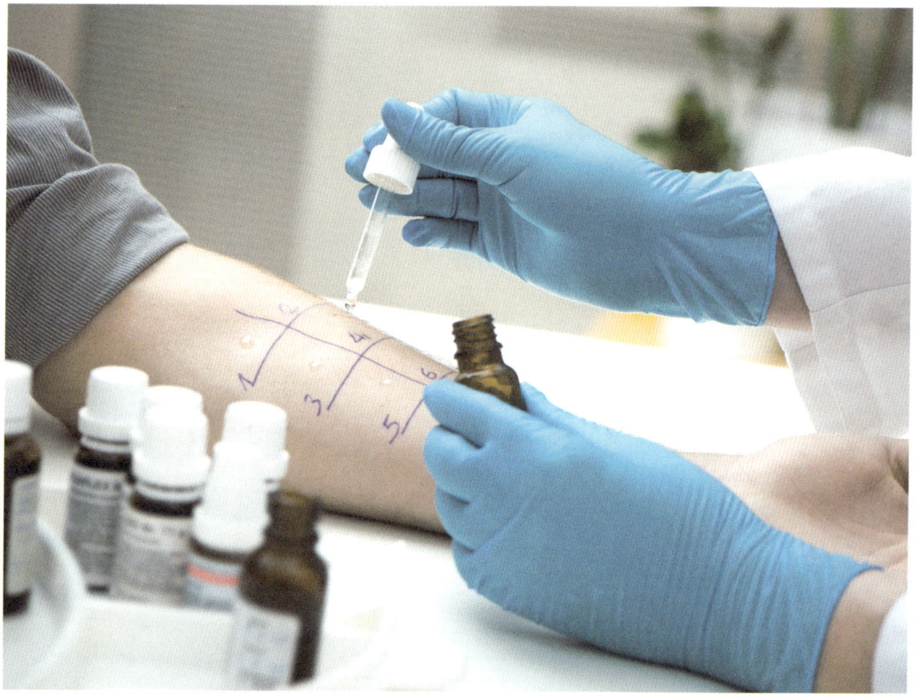

小贴士

能引起人体过敏反应的食物，肯定不是你第一次接触的，过敏反应只有在第一次接触后的其他接触中，才会被触发。

紫甘蓝能做酸碱指示剂吗

通常按照食物的酸碱度，可以把食物分为酸性食物、碱性食物和中性食物，在对这些食物进行归类的时候，通常无法用肉眼辨别，只能通过一些仪器检测，但有一些简单的材料也能对食物的性质进行判别，下面我们通过一个简单的实验，为大家介绍用紫甘蓝测定食物的酸碱度。

紫甘蓝指示剂的制作及测定方法如下：（1）把洗干净的紫甘蓝叶片撕碎放进碗里，向里面倒入温水（以 30 ～ 40 摄氏度为宜）；（2）用合适的物体进行挤压，使叶子中的液体流出，进入温水中；（3）将这种制取后的液体滴在要辨别的食物上；（4）通过颜色的变化来判断该种食物的性质，如果滴过紫甘蓝汁液后变绿的话，说明是碱性食物，变红就是酸性食物，而颜色不变的话就是中性食物了。

为什么用紫甘蓝可以作为酸碱指示剂呢？研究发现，紫甘蓝中含有花青素，这种物质遇酸变红，遇碱变蓝，而我们正是运用了它的这种性质，将其作为酸碱指示剂。

用这样的方法，我们可以发现紫甘蓝在水中不变色，在白醋中呈红色，在肥皂水中呈蓝色等。只不过这样的测定方法存在较大的误差，因此只能作为粗略判断的依据，并不能准确测定食物的酸碱度。

想看看自己常吃的食物是酸性、碱性，还是中性的呢？那就自己动手实验一下吧，看看结果是否与你预料的相同呢？

▼ 遇到紫甘蓝汁变红的是酸性食物，变绿的是碱性食物

第六章

假如生活中没有数字

“丁零零……”一串清脆的闹铃声把你从梦中叫醒，你拿起钟表看到时针指向 6:30，便又呼呼大睡起来。等妈妈催你起床的时候，你才猛然惊起，时钟已指向 7:40 了！你拿了一盒牛奶、一个面包就冲出家门，刚巧赶上 85 路公交车，到了学校才醒悟今天是星期六……这是关于一个小马虎出差错的笑谈，在这个过程中，我们不难看到数字的身影以及它多样的变化：它在墙上的时钟里，它可以表示出你吃下的实物数量和营养量，它可以计量你奔跑的速度、时间和路程，它同时又是公交车车牌、编号，它是你手中的钞票数量，它又可以是人们口中的日期、星期，它还伴

随着你一下、两下、三下的呼吸与心跳……

在人们的生活中，数字无处不在。只要你细心观察，随时都可以找到它们的身影。下面，就让我们走近生活中的数字，看看它们的“七十二变”吧！

一加一到底等于什么

有一个脑筋急转弯，谜面是一加一等于什么？谜底是“王”。可见，一加一并不是在任何情况下都等于二。那么，一加一到底等于什么？

“1+1=2”是一种合乎逻辑的常态思维，是正常的思维，就思维本身而言无可厚非。但是，若是这种思维成为一种思维定式，就会无形中影响你的判断。在特定情况下，常态思维会在一定程度上束缚你的思想，若不知变通，你就有可能成为一个刻板顽固的人。1+1=1、1+1=3……这是一种超越常规的思维，它会在特定情况下将思维延伸到另一个深度，有利于你开阔视野，拥有开放宽容的心态。那么，一加一到底等于什么呢？这要根据具体条件而定。因为数字是将现实抽象化和简洁化，用简单的数学符号和数字来表示现实生活中不同的数字意义。由于现实中“1”的实际性质不同，可能会有不同结果。例如：一勺糖加一杯水等于一杯糖水。一个西瓜加另一个西瓜等于两个西瓜。一个公司与另一个公司兼并成为一个新的公司，而不是两个公司。一加一之所以会有不同的结果，是因为相加后其性质可能会发生改变。

严格来讲，一加一在数学意义上等于二。在其他特殊情况下，结果会有不同。

▲▼ 数字的计算

手机号是怎么编制的

21 世纪是信息化的时代，手机成为必不可少的通信工具，智能手机的出现，加快了信息的交流速度。每个手机至少有一个手机号，那么中国的手机号是怎么编制的呢？

手机号码段是依据全网规划规则来划分的。众所周知，在我们国家一个手机号码有 11 位，例如 135abcdQWER，号码由三部分组成，前三位是运营商代码，如 135 是中国移动的代码；中间四位是运营商内部的归属地代码；后四位是普通用户的号码。有些手机具有手机归属地查询服务功能，其实只要输入手机号的前

▼ 数字有无数种组合方式

七位就可以确定手机号码的归属地。手机号码段的归属地区一般情况下是不可变更的，变更的前提是这个号码段的所有用户号码都已被回收。

小贴士

一个 11 位数的组合数一共有千亿个，即便除去头两位的“13”或“15”或“18”等剩下 9 位数，而一个 9 位数的组合数一共可以容纳 10 亿个不同的数字与头两位组合后即 ××000000000 ~ ××999999999，可见 11 位的手机号码段容量是非常大的。

汽车的车牌号有什么意义

现代都市的一大特点就是往来车辆川流不息，马路上相同外观的车辆很多，如何区别它们呢？这一点并不难，只要看悬挂在车子前面或者后面的车牌号就可以啦！那么，一辆车的“身份证”号是如何被确定的呢？那些文字和数字有什么特殊含义吗？

车牌号是交通管理部门为了方便车辆管理而发放的。一般而言，不同类型和用途的车辆，其号牌尺寸、字体大小和颜色也是不同的。比如说在中国，普通民用小车的车牌是蓝色的，军牌、

▲ 各式各样的车牌

警牌是白色的，而黑色车牌则是使领馆和外资企业等使用。

当然，像我们普通人接触最多的还是民用车牌号，它的编排有什么特点呢？简单来说，车牌号由 3 个部分组成，第一部分的汉字是车辆户口所在省的简称。第二部分是英文字母，是车辆所在地的一级代码，比如说 A 就是省会城市，B 是第二大的城市。第三部分是五位数的序号，由数字 1-9 与字母 A-Z 穿插使用。这样一来，车牌号就具有唯一性，通过号码追踪就可以知晓车辆的拥有者、登记年份、登记地区等相关资料了。

除了由政府单位发配牌号外，在美国、加拿大等地，车主还可以在规定范围内自行组合独具特色的汽车牌照。

国道是怎么编号的呢

如果大家具有一定的公路交通知识，就可能知道以数字“1”开头编号的国道都是以北京为起点的；而以“2”开头编号的国道则是南北方向的——这是怎么回事呢？国道号是按照什么规则来编排的呢？

国道是国家建设的公路，是服务于一国社会运作的交通干线。有时它的规格是一般公路，有时是指高速公路。以中国的国道为例，它采用数字编号的方式，并且在数字编号前加“国道”的“国”字汉语拼音首字母“G”，用以区别普通道路。这些国道有不同的类别，有的从首都北京出发通往重要城市，有的通向各港口、铁路枢纽等地，有的则是大中城市通向重要对外口岸、历史名城等地的干线，还有的具有重要的国防意义。

国道的编号有四类：一类是以北京为中心的放射状国道，它的编号遵循“1××”格式，如G107是指从北京到深圳的干线公路。这类国道共有12条。第二类是编号为“2××”的南北走向国道，如G211是指银川到西安的干线。第三类是编号为“3××”的东西走向国道，比如绥芬河到满洲里的公路为G301。第四类是以“0”字开头的“五纵七横”国道主干线。

根据国家最新的公路规划，在未来近20年里，国家公路建设重点放在西部地区和欠发达地区，这样一来公路网的架构将更

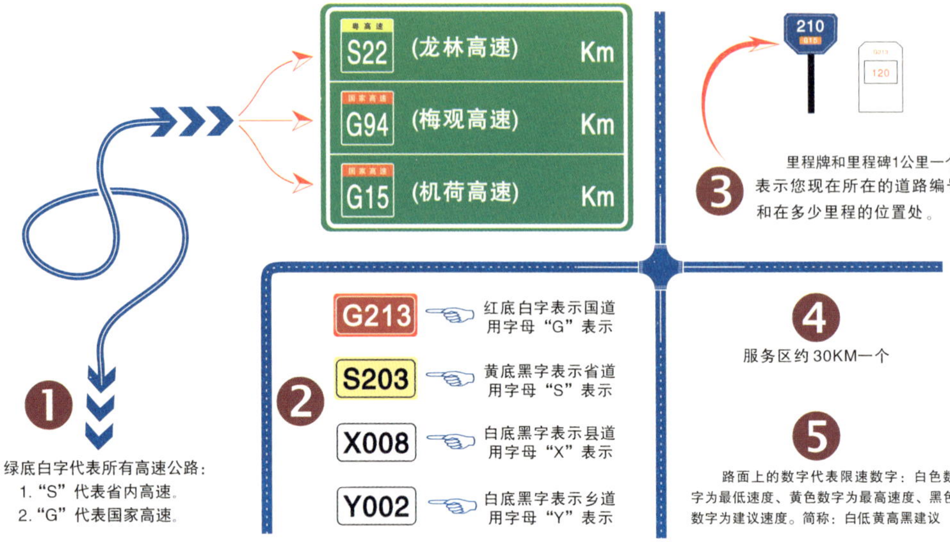

▲ 道路编号小常识

加坚实，人们的出行将更加方便，国道也将为祖国的发展贡献更多力量！

身份证上的数字是怎么来的

通常，在我们16周岁之后就可以申领一张属于自己的身份证了，当然，16岁以下的少年儿童，按照自愿原则也可办理身份证，在身份证的正面下方，有一串长达18位的数字——这串数字有个专有名称为“公民身份号码”，那么你可能会问，全国人民那么多会不会有重复的身份证号呢？这一串数字是如何编排的呢？

其实身份证号可能不是唯一的，这是因为在 20 世纪 80 年代初推行居民身份证制度时，计算机尚未普及而采用手工编码的情况下，出现的错误。不过不用担心，发生重号的居民到户籍所在地派出所办理手续更改即可。

那么，这 18 位居民身份证号是如何编排的呢？这个号码的编排，是政府根据统一的规则制定的。公民身份号码属于特征组合码，即由 17 位数字本体码和 1 位数字校验码组成。排列顺序从左至右依次为：6 位数字地址码，8 位数字出生日期码，3 位数字顺序码和 1 位数字校验码。地址码也就是根据国家统一规定的行政区划代码，比如北京市为 110×××、辽宁省为 21××××；出生日期码也就是编码对象出生的年、月、日；数字顺序码也就是在地址码所标识的区域范围内，对同年、同月、同日出生的人员编定的顺序号，顺序号的奇数分给男性，偶数分给女性。

小贴士

你可能看见过尾号为“X”的身份证号码，是因为他的校验码是 10，那么此人的身份证就变成 19 位，违反了国家标准，所以就得用 X 来代替 10。

商品的条形码为什么总是带着数字

我们在商场购买商品结账时，收银员只需要扫描条形码就可以了。这些条形码是由宽度不等的多个黑条和空白组成的，在这些条形码下还有一串数字——那么这串数字有什么作用呢？它们有什么特殊的含义吗？

你所见到的某种商品的条形码在全世界都是唯一的，因为商品条形码的编码遵循唯一性原则，一个代码只能标示一种商品项目。当商品在包装、规格、品种、价格、颜色等方面有差异时，商品的条形码就不同，其下方的数字也随之改变。

商品条形码分为标准码和缩短码两种形式。那么，它们有什么差异呢？首先是位数不同，标准码由 13 位数字构成；缩短码由 8 位数字构成。其次是使用范围不同，只有当标准码尺寸超过总印刷面积的 25% 时，才允许申报使用缩短码。

以商品标准码为例来具体了解一下。标准码一般分为四个部分：第一部分代表国家，第二部分代表生产厂商，第三部分是厂内商品代码，第四部分是校验码。以条形码 6936983800013 为例：其 1 ~ 3 位，也就是该条码的 693，是国际上统一分配的国家代码（690 ~ 699 都是中国的代码）；条码中的 69838，是由国家统一分配的生产厂商代码；第 9 ~ 12 位是由厂商自行确定的厂内商品代码；第 13 位对应该条码的 3，是由前面 12 位数字、

条码

依据一定的算法得到的校验码。

你也可以搜集有关进口商品的条码，可以对照商品寻找它的原产地，让我们的消费变得更加放心而且充满乐趣。

汽车轮胎上的数字有什么含义

在 20 世纪 80 年代左右，中国被称为“自行车王国”，因为中国人口众多，骑自行车的人也多，当时的中国是世界上骑自行车最多的国家。随着汽车热的不断升温，机动车道不断拓宽，小汽车慢慢普及起来。那么，你知道汽车轮胎上的字母和数字有什

▲ 轮胎上的编号

么含义吗？

这些字母和数字用来表示这个汽车轮胎的规格与参数，它们被印制在轮胎的胎侧，带有这个轮胎的种类、花纹、规格、扁平比、有无内胎、载重指数、速度级别等信息。以“P195/65 R14 89H”型号的轮胎为例：其中，“P”是指轿车轮胎，区别于卡车或其他车型适用的轮胎。“195”指的是以毫米为单位的轮胎断面宽度，是两胎侧间的宽度。“65”是指轮胎的扁平比，即胎宽与胎高的比例，这里是指胎高占胎宽的65%，数值越小，越显扁平。R表示子午线轮胎，即代表排布在胎体内的帘布层是呈辐射状的。“14”表示以英寸为单位的轮辋直径。“89”表示载重指数，通常以磅或千克为单位。“H”表示此轮胎最高时速为210千米的速度级别。速度用字母A至Z来表示，A表示的速度最小，Z表示的速度最大，如M表示最高时速为130千米等。

汽车轮胎上的字母和数字，反映了该轮胎的性能。我们要安全正确使用汽车轮胎，保护自己的安全。

鞋的尺码是怎么算的

你在商场买鞋的时候，总会被导购员问及鞋码，可能有的人会回答：“我穿36码的哟！”或者“我的脚适合23码。”不论你说哪一种，导购员拿来的鞋子大小是一样的。这是为什么呢？

原来，以上的两种说法只是采用的鞋码标准不同。36码是我国的旧鞋码称谓，而23码是中国的新鞋码称谓。那么为什么会有新旧鞋码之说呢？原来，中国在20世纪60年代后期，在全国测量脚长的基础上制定了“中国鞋号”，这就是“旧鞋号”；1998年政府发布的“新鞋号”是基于Mondopoint系统，鞋码以厘米为单位，并且国家要求中国市场上的鞋全部标注为新鞋号。旧鞋号乍一看与欧洲码一样，可是同样的36码，在欧洲码里代表22厘米，在中国旧鞋码里代表23厘米，因此不能互相混淆。

那么，我们该如何根据自己的脚长确定自己的鞋码呢？测量脚长是第一步。脚长是指最长脚趾顶点到脚后跟突点间的水平直线距离。你不能用尺子直接测量，否则会有很大的误差。正确的方法是准备一张白纸，将脚踩在白纸上，把脚的前端和后端分别在纸上做标记，然后用尺子测量便可得出脚长。那么有脚长就可以根据对照表来找合适的鞋码了吗？直接这样对照也许并不准确，因为每个人的脚胖瘦不同，脚胖的人可能需要大一码，这时就需要测量脚宽了。测量脚宽同样需要把脚踩在白纸上，标记脚部两边最宽的地方，再用尺子测量。正常脚长与脚宽之比为3∶1，若是脚宽过大，则需要选择大一码，这样选择的鞋子才是合脚舒适的。

橱窗里的鞋子很好看，可是合不合脚只有自己知道。知道了如何确定鞋码的方法，就可以为自己挑选一双漂亮又合适的鞋子了！

▼ 测量脚长

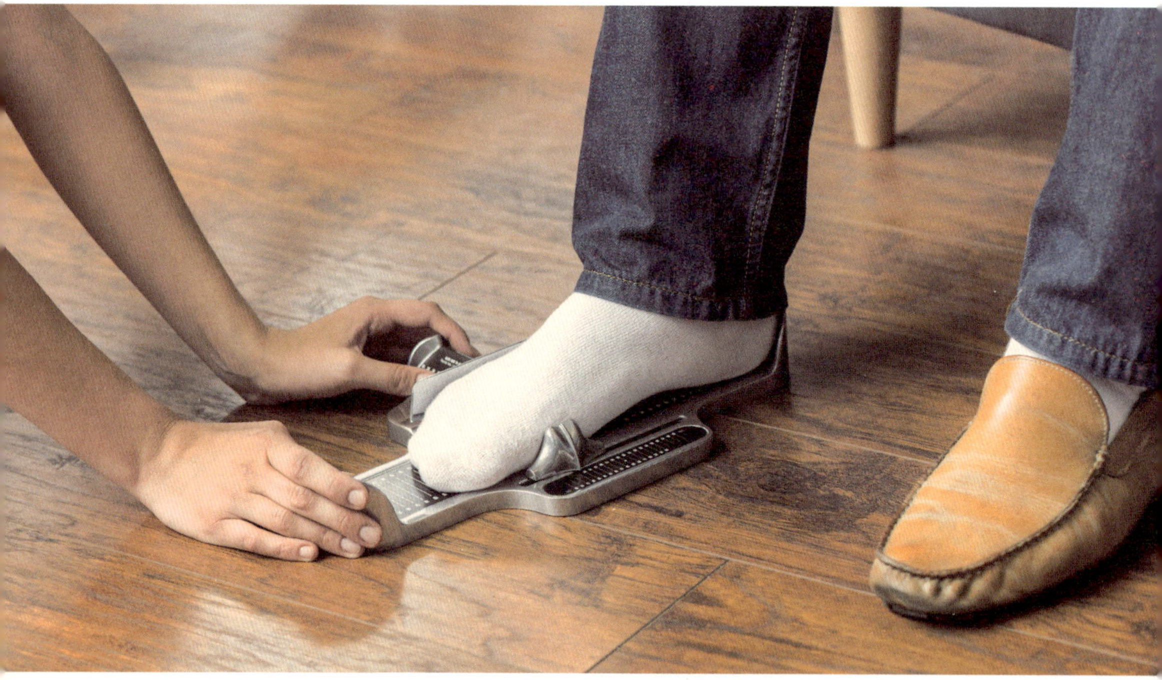

二维码是怎么编制的

“扫描屏幕下方的二维码即可参加活动。”我们看电视的时候，经常会听到主持人这样说。我们不禁会想，什么是二维码呢？二维码是怎么编制的呢？

二维码是在平面上按照二维方向分布的黑白相间的图形，用特定的几何图形，储存着数据信息的一把钥匙。二维码是相对于一维码更为高级的条码格式。一维码只能在一个方向，即水平方向上表达信息，而二维码可在水平和垂直两个方向上储存信息。

那么，二维码是如何编排的呢？早在20世纪80年代末，科学家就开始了对二维码符号表示技术的研究，如今已经研究出多种码制。比较常见的二维码码制是QR Code。二维码的原理可从矩阵式二维码和行列式二维码原理来讲述。矩阵式二维码又称棋盘式二维码，是以矩阵的形式组成，在矩阵相应元素位置上，用黑点表示二进制的“1”，空白表示二进制的“0”，“1”与“0”的排列组合确定了矩阵式二维码所代表的意义。其中，点可以是方点、圆点或其他形状的点。建立在一维条码基础上的行列式二维码按照需要堆积成二行或多行。它继承了一维条码的一些特点，又有所不同。

二维码具有高密度编码、信息容量大、译码可靠性高等特点，已经广泛应用于证照、保密和表单等领域。

▲ 二维码

图书馆里怎样给书编号

经常去图书馆的同学或许有这样的疑问，图书馆里书籍这么多，图书馆工作人员是如何将它们编号分类整理的呢？

图书馆藏书有两种编号，一种表示出版物产品编号的条形码编号；另一种是图书馆应用于管理的编号。给图书编号方便书籍归类整理和统一管理藏书借阅情况，同时也能节约大量的人力、物力和财力。因而，一套系统方便的管理方法对书籍进行分类整理显得尤为重要。目前，中国 95% 的大中型图书馆都根据《中国图书馆分类法》来对书籍进行分类整理。

如果你仔细观察图书馆藏书，就可发现每个藏书都贴有标签，而且不难发现它们似乎有规律性。标签是由拉丁字母、数字、小数点、斜杠和括号等符号搭配组成的表示特定意义的字符串。例如：某书的编号是H559-48。按照《中国图书馆分类法》分类标准，H代表语言、文字类读物，H5表示阿尔泰语系，H55表示朝鲜语，H559表示朝鲜语教学，后面的48代表自学读物、课外读物。H559-48表示自学朝鲜语系的读物类。又如，I247.5/12，I表示文学类，2表示中国文学，4表示小说，7表示当代作品，5表示新长体长篇、中篇小说，斜杠后面的12表示该书在书架上的位置。从古到今、从中到外、从左到右、从上到下和先总后分的原则是书籍排列原则。这就是分类排架法。

圆周率为什么永远算不完

中国古代伟大的数学家祖冲之是世界上第一个将圆周率精确到小数点后面第六位的人，圆周率约在3.1415926到3.1415927之间。这在数学史上具有伟大而深远的意义。要想知道圆周率为什么算不完，你得知道什么是圆周率和无理数。我们经常用熟知的数学符号“π”来表示圆周率。它是圆的周长与直径的比值。圆周率是一个固定的常数，也是一个无限不循环的小数。

什么是无理数？简单来讲，就是不是有理数的实数。例如=1.73205081……，这个数就是无理数，它在小数点之后有无限多个且不循环的数。“π”“e”和一部分数的平方根就是无理数。若

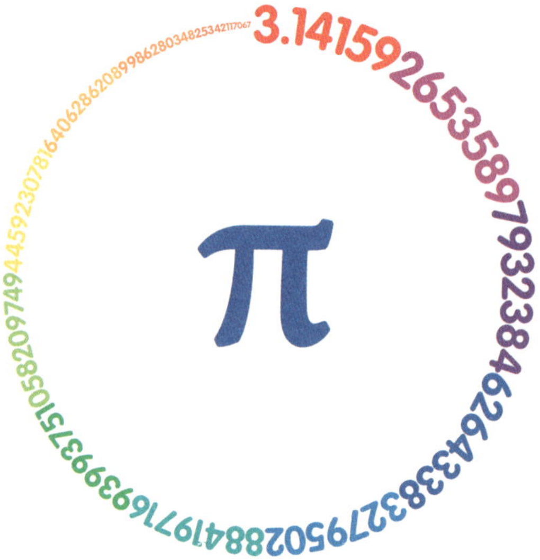

无理数 π

将有理数和无理数都写成小数形式，有理数可以写成有限小数形式和无限循环小数形式，而无理数只能写成无限不循环小数形式。无限不循环小数是指小数位有无穷无尽个且不循环的数。因为 π 是无理数，而无理数又是无限不循环的小数，所以，圆周率 π 不能除尽。不过，人们利用超级计算机，可以算出 π 的小数点后面很多很多位，目前为止，依旧没有算出圆周率的最后一位。因为，圆周率没有最后一位，它小数点后面的数位是无穷的。

小贴士

人们为了方便计算，取 π 的前三个数位，即 3.14 来大约表示圆周率。若要进行精密计算，还可将圆周率的数值更精确。

世界上有最大的数字吗

你知道这世界上最大的数字是什么吗？它到底有多大呢？

其实，数学领域是不存在最大的数字的。你若说出你认为的最大一个数字，那么，我说的数字只比你说的数字大 1 就可以了。众所周知的数字单位有个、十、百、千、万、十万、百万、千万、亿、十亿、百亿、千亿、万亿……在古代中国，我们将“万亿”用“兆”表示，它代表 10 的 12 次方。更大的单位还有京、垓、秭、穰、沟、涧、正、载、极、恒河沙……大数。其中，10 的 16 次方用“京”表示，10 的 20 次方用“垓”表示，10 的 24 次方用“秭”表示，10 的 28 次方用“穰”表示，10 的 32 次方用“沟”表示，10 的 36 次方用“涧”表示，10 的 40 次方用“正”表示，10 的 44 次方用“载”表示，10 的 48 次方用“极”表示，10 的 52 次方用“恒河沙”表示……“大数”代表的是 10 的 72 次方。

不过有一个宇宙间任何一个数字量都没有超过它的数字，这个数字就是 10 的 100 次方，也称古戈尔（Google）。1 光年是指光线在一年中所通过的距离，约为 9.46 万亿千米。到目前为止，我们能够观测到的空间范围约为 100 亿光年。埃是一个很小的长度单位，等于千万分之一毫米。将 100 亿光年转化一下单位，用“埃”表示，100 亿光年等于 10 的 36 次方埃。可见 10 的 100 次方数字之大。但是这个数字也不是最大的数。

“棋盘上的米粒”到底有多少

传说在很久以前的古印度时代，有一位国王喜欢以玩游戏来消遣度日，长此以往，国王渐渐对国内的游戏失去兴致。于是，他便下令鼓励有志之士开发新游戏。后来有一位极其聪明的人发明了国际象棋。这个新游戏让国王沉迷于国际象棋不能自拔，常常找来大臣挑战。

国王为了奖赏发明国际象棋的人，就将他传到大殿，问他想要得到什么赏赐。于是，他请求国王：“赏赐一些米粒。奖赏的数量要在国际象棋的棋盘中计数。在这个国际象棋棋盘的第一个小格内，放 1 粒米，在第二个小格内放 2 粒，第三格内放 4 粒……照这样下去，每一小格都比前一小格多一倍。摆满棋盘上 64 格的米粒即是臣的奖赏。”国王慷慨答应后，邀请各位大臣一起来见证。米粒的计数工作开始了。第一格内放 1 粒，第二格 2 粒，第三格 4 粒……还没到第二十格，一小袋子的米已经没有了。后来，一袋又一袋的米粒被仆人背到大殿中去。国王没想到米粒的数量增长那么迅速，就让他算出最终需要多少米粒才能放满整个棋盘。1+2+22+23+24+…+263+264-1，将这个结果算出可得 18446744073709551615 粒。

小贴士

这么多的米粒大约是当时全世界在两千年内生产的稻米的总和。如果造一个宽 4 米、高 4 米的粮仓来储存这些粮食，那么这个粮仓要长达 3 亿千米，可以绕地球赤道 7500 圈。

雪花通常有几瓣

古人有“草木之花多五出，独雪花六出”的说法。雪花又名未央花，未央花象征希望与未来、光明与坦途。雪花是指空中飘落的雪，多呈六角形，外形很像花，所以叫作雪花。那么为什么会有“独雪花六出”的说法呢？

雪花是一种奇妙万千的结晶体，体形非常轻小。每一片雪花都是十分精美的。雪花是水在固态中的一种形式。冰也是水的固态形式。水分子是由一个氧原子以及两个氢原子组成，它们由一种很强的共价键结合在一起。最稳定的冰晶排列方式是 6 个水分子黏合在一起，呈六角形状。大气中的水汽饱和并且温度在零摄氏度以下的情况时，雪花渐渐形成。微小的冰晶会渐渐围绕着凝结核结合在一起形成雪花。由于冰晶是六角棱体，水分子与冰晶结合后会保持冰晶的形状继续外生。这就是大部分冰晶呈六角棱体的原因，也是雪花常呈六角形的原因。

并不是地球上每个地方都会下雪。在亚热带地区和热带地区的低海拔地方几乎没有下雪现象。当然，在低纬度并不是一定没有雪，例如在非洲大陆南纬 3 度上就有一座乞力马扎罗山，它是世界上最高的火山，常年积雪。

雪花的形状因当地气温的不同，在它们结合的时候会有形状上的差异，有柱状亦有片状雪花。大部分雪花有六瓣。

▼ 千姿百态的雪花

2 月 29 日生的小朋友要 4 年才过一次生日吗

据 2008 年数据，全世界平均每秒大约出生 4.3 人，每分钟大约出生 259 人。而在中国，平均不足两秒出生一个人，每分钟大约出生 38 人。因此每年的每一天都有人过生日。你的生日是哪一天呢？

并不是每一年的 2 月都有 29 天，有的年份 2 月只有 28 天，有的年份 2 月有 29 天。这其中的区别是什么呢？地球围绕太阳公转一周的时间为 365 天 5 小时 48 分 46 秒，即一个回归年。公历的平年只有 365 天，闰年有 366 天。一平年比一回归年短约 0.2422 天，四个平年就比四个回归年短约 0.9688 天。人们约定，每四年增加一天，将这一天增加在闰年的 2 月份。

闰年是指能被 4 整除的年份。但是，按照每四年一个闰年计算，平均每年就要多算出 0.0078 天，这样经过 400 年就会多算出大约 3 天来。因此，每 400 年中就要减掉 3 个闰年。所以规定，公历年份是整百数的年份，必须是 400 的倍数才是闰年，不是 400 的倍数，就是平年。用一句话来讲就是："四年一闰，百年不闰，四百年再闰。"例如，2000 年是闰年，1900 年是平年。

若是有小朋友在闰年的 2 月 29 日出生，严格来讲，他的生

▲ 2 月 29 日只出现在闰年

日每四年才有一次。不过，现实生活中，很多 2 月 29 日出生的朋友会提前一天或者延后过这个特殊的生日。

九宫格有什么玄机

什么是九宫格呢？它的起源可以追溯到中国远古神话时代的《河图》和《洛书》。《洛书》上记载，在纵向、横向、斜向、三条线上的三数字之和都等于 15。这是中华民族优秀思想文化的结晶，在中国古代文明具有里程碑意义。它就是现代数学的三阶幻方，在中国古代被称为“纵横图”。

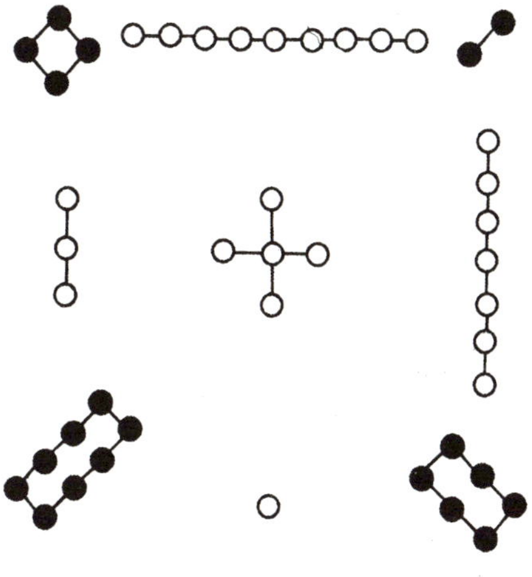

4	9	2
3	5	7
8	1	6

▲ 纵横图

▼ 九宫格

九宫格游戏在纵横图的基础上发展而来。重排九宫游戏在中国的唐宋年间很风靡。重排九宫游戏，就是在 3 格 ×3 格上，有 1 ~ 8 个数字，有一格为空，每一与空格相邻的数字格均可移至空格处。以最少移动次数完成预定排列数字为胜。它与现在的方格拼图游戏原理相同。九宫格游戏有许多不同的排法，具有灵活多变的特性。所以，它能考验一个人的逻辑思维能力、想象能力、数字推理能力等。它具有一定的学术魅力，一度受到古今中外很多人的追捧和喜爱。

九宫格的游戏规则是用 1 至 9 这 9 个数字使每行、每列和对角线上的三数之和都等于 15，与古代《洛书》的规则类似。九宫格游戏在中小学生中是很受欢迎的益智游戏。

年龄只能用数字表示吗

“子曰：吾，十有五，而志于学，三十而立，四十而不惑，五十而知天命，六十而耳顺，七十而从心所欲，不逾矩。”这里的“有”是通假字，通“又”，“十有五”表示“十五”的意思。这句话的意思是，孔子说，我十五岁即志于学，三十岁时，能自立于世，四十岁时能不被外界事物所迷惑，五十岁时，懂得天命，六十岁时，能听进不同意见，到七十岁时，能随心所欲却不超出规矩。

孔夫子的这句话里，用数字表示确切的年龄。不过在中国古代，人们有时不用数字表示年龄，而是用与之相关的称谓来代替。按照年龄顺序排列为：襁褓、孩提、垂髫、总角、豆蔻、及笄、束发、弱冠、而立之年、不惑之年、知天命、半百、花甲、耳顺、耆、古稀、耋、耄、期颐。襁褓指未满周岁；孩提是指幼儿时期；垂髫是指三四岁到七八岁；总角指十一二岁至十三四岁；豆蔻指十三四岁；及笄是指女子年满十五岁，表示成年；束发是指古人男子十五岁而束发；弱冠是指男子二十岁，以示成年；而立之年是指三十岁；不惑之年是指四十岁；知命、半百均表示五十岁；花甲和耳顺均指六十岁；耆指六十岁以上；古稀指七十岁；耋指七十岁到八十岁；耄指八十岁到九十岁；期颐是指一百岁。

古人的这些称谓仍沿用至今，可见中华文化源远流长。

第七章

什么是时间

我们每天有很多事情需要处理，于是我们经常看表计时、赶时间、控制时间、好像永远没时间，可是对于一些无所事事的人或者某些无所事事的时间段来说，往往又会觉得时间很漫长。对于人类而言，时间似乎是再普通不过了，但是，从来没有人能斩钉截铁地宣示，说他已经知道“什么是时间”了。人类对时间的感知是十分奇怪的，人类对时间的记忆是难以名状的。同样是一个小时，面对相同的事，有人或许会说“我有很多时间”，另一些人可能要说“糟了，我的时间不够了”。时间对于每一个人都一样吗？到底是什么促使人们对时间有如此不同的认识

呢？在认识时间的基础上，我们到底应该怎样掌握时间，怎样利用时间呢？

什么是时间

对人类而言，时间就是生命。时光飞逝，一去不回，想要实现人生的价值，就必须珍惜时间，努力拼搏。时间与我们生命的关系如此密切，那么到底什么是时间呢？

时间是人们用来记载事物的运动过程的一种参数。说得再具体一些，“时”所记载的是事物的运动过程，而“间”则是人为的划分，综合起来，“时间”就是人们对大自然中事物运动全过程的切割、划分。

要探究“时间”这一概念的由来，我们不得不从人类居住的地球说起。可以说，时间就是通过地球的自转和公转表现出来的。地球自转一圈是一天，绕着太阳公转一圈就是一年。地球自西向东自转，因为地球自身不会发光，所以地球上只有对着太阳的那一面是光亮的，背着太阳的那一面则是黑暗的。地球上被阳光照到的地方是白天，无法被阳光照到的地方就是黑夜。自从人类诞生开始，人们就受昼夜轮回的支配。一个昼夜轮回就是一天的时间。地球绕着太阳公转一圈是一年，一年通常有365天，一天又分为24个小时，一小时又有60分钟，一分钟则有60秒……为了更好地进行农业耕作，人们还把一年划分为4个季节、12个月份，等等。

如果地球停止转动，那么人们对时间的感知就会失去一个最

▼ 地球的黑夜与白天

▲ 地球的公转与自转

形象有力的坐标。人类还根据地球自转和公转的规律制定了精确的时间法则，形成了完备的时间概念，所以可以说，正是地球的运动让人们感受到了时间的存在。

时间有起源吗

自从有人类以来就已经有时间了，甚至在没有人类之前时间就已经客观地存在了。于是，我们就有了这样的疑问：时间有起源吗？它到底是从什么时候开始的？

时间可以描述两种东西：一是世界万物的运动过程；二是一个事件发展变化的过程。世界上的万事万物都是一种客观存在，正因为如此，我们要想确定时间，只要通过观察世界上那些不受外界影响的物质的周期变化就可以了。通过地球和太阳之间的运转周期来确定时间就是个很好的例子。

爱因斯坦曾经说过，时间和空间是人们认知的一种错觉。而英国著名的天文物理学家斯蒂芬·霍金则认为：时间是有起点的，宇宙是从一个点开始的，这个点既是世界的起点，也是时间的起点。在霍金看来，时间自身并没有变化，它是随着宇宙万物的变化而变化的，宇宙产生的同时，时间也就产生了，宇宙开始发展，时间也跟着增长。如果要表示世界万事万物有顺序的话，我们可以用下面这个序列：S1，S2，S3，…，Sn。其中，S 指的是事件，而 1，2，3，…，n 则是指这些事件发生的先后顺序。

这个序列同样可以用来表示时间，因为时间就是对所有事件发生顺序的排序。从这个序列来看，宇宙中第一件事的发生标志着时间的产生。

但是霍金的理论并没有比爱因斯坦的更科学，原因很简单：时间的起源来自于人，只有人能够意识到时空的不同感觉，也只有人能够认识到质与量的变更与发展。如果没有人意识到时间的作用，那么时间在没有人的空间里又有什么意义呢？

▼ 宇宙大爆炸理论示意图

时间正在变慢吗

在我们的印象里，时间永恒如一日，不紧不慢地从我们身旁流逝。“嘀嗒嘀嗒”，秒针走一下就是一秒钟，任何人也左右不了时间的脚步，无论是幸福的时光还是痛苦的日子，谁也不能让时间延长一分钟或是减少一分钟。然而，时间真的是匀速前进，不快不慢的吗？

我们都知道，时间是与运动有关的，所以才说运动是时间的

▼ 世界万物的速度接近光速时，时间就会减慢

载体。因而科学家们认为，时间就是变化，而运动可以改变时间的间隔。为什么这么说呢？因为变动是由物体间的相互作用产生的，物体间的相互作用的传播也是有速度的，而这种速度就决定了时间的快慢。从微观上看，物体的运动是由物体结构中的分子的运动造成的，这种分子一直处于高速运动状态，这种高速运动几乎接近于光速。世界万物的速度接近光速时，它们彼此间的相互作用就会减弱，变化就会减慢。

当然，时间的这种变化并不能被我们所感知到，因为在时间变慢的同时，我们的行动也在变慢。我们每一天还是做那么多工作，每一小时还是走那么多路，又有谁会在意时间是否变慢呢？

人类是怎样感知时间的

根据科学报道，一些人总觉得时间不够用，也有一些人则感觉度日如年。对于同样长短的一段时间，为什么不同的人对其长短会有不同的认识呢？这是因为，每个人对时间的感受不尽相同。我们的大脑究竟是如何来计算时间的？最新的科学实验揭开了人类感知时间的神秘面纱。

有科学家认为，人感知时间的能力主要依靠三个“域”：一端是“生理节奏域”，这个区域可以控制 24 小时周期内的睡眠和清醒；另一端是“毫秒计时域”，这个区域的主要任务是负责计算精细的运动；而在这两个区域中间还有一个部分，它是由秒到

▲ 感知时间

分的区域，被称作“间隔计时域”，是我们感知时间流逝的系统区域。

我们可以通过“起搏累加器”模式来研究“间隔计时”的生物原理。假设人的大脑中有一种“起搏器”，它有规律地发出脉冲，并将其临时存储在“累加器”中。当我们需要估计一下大概过了多长时间时，就去查一下“累加器”里的内容。比如说，你可以通过查看“累加器”中的内容来弄明白等一班公交车大概需要多长时间。研究结果表明，“间隔计时系统”相当于人类大脑的“条纹区”，这些区域的大脑神经元主管人的运动、注意力、记忆等活动，以此整合成时间流逝量的估量值。

虽然人们很少关注时间流逝，但每个人都在下意识地检查自己的“间隔计时系统”，也时常接触到这一信息。正是这种注意，使我们有了对时间的感知能力。一旦我们因为某些原因放松了对体内时钟的关注，那我们的时间感就会变弱。

古人喜欢用哪些动作表示时间

运动是时间的载体，这是现代科学的一个命题。不可思议的是，古人对此早就有所认知，而且他们还形象地发明了许多表示时间的动作。

“斗转星移”这个成语大家都不陌生，其中的“转”和“移”就是表示变化的动词，这个成语的意思是说天上的星星变化了位置，以此来比喻时间的流逝。“白驹过隙”中的“过”也表示一种动作，古人用白马穿过缝隙的迅速来表示时间过得飞快。“窗间过马”这个成语和“白驹过隙”是同一个意思。“转念之间”“转瞬即逝”和“一弹指顷”这三个成语都是表示时间的短暂，而且三者之间还有联系呢。“念”就是心里突然出现的想法，“瞬”就是眨眼睛，“弹指”很容易理解，就是弹一下手指。按佛经的说法，二十念为一瞬，二十瞬为一弹指，因而这三个成语都是用来比喻时间极短暂的。“俯仰异观”是一个用来表示世间万物在很短的时间内发生各种各样的变化的成语。“俯仰”指的就是低头和抬头，“异观”指的是出现了不同的表现，这个成语的

▲ 逝者如斯夫，不舍昼夜。
——孔子

意思是“一低头，一抬头，都有不同的表现”。“祸不旋踵”也是一个常见的用来表示时间的成语，“旋踵”指的是旋转脚跟，这个成语是比喻时间极短，祸害不久就将到来。

这些成语是古人心血的积累，这是不言自明的。由此可见，我们的祖先们在几千年前就已经在仔细地观察世界上的一切了，所以，他们才能通过自己的感受来表达这个世界的变化。

星期是怎么来的

大家对星期都不陌生，一星期由七天组成，周一到周五工作，周六和周日休息。星期制几乎和我们的日常生活密不可分，但是星期是怎么来的呢？

一星期中七天的名称最早起源于古巴比伦王国。在公元前600多年，古巴比伦人便发明了“星期制”。他们修建了“七星坛”来祭祀天上的星神，七星神分别是日、月、火、水、木、金、土七个神，一个星期的每一天分别以相应的一个神来命名。

后来这种星期制被传到了古希腊和古罗马等地。古罗马人用自己信仰的神的名字来命名一周的七天。这几个名称传到不列颠后，他们又用自己信仰的神的名字做了一番修改，这就诞生了我们现在英语里周一到周日的名称。Sunday 中的“Sun”是太阳的意思，Sunday 指的就是太阳神的日子；Monday 指的是月亮神的日子；Tuesday、Wednesday、Thursday、Friday 和 Saturday 分别

▲ 一个星期有 7 天

代表战神日、主神日、雷神日、爱神日和土神日。

后来中国受到外国的影响，也开始使用星期制。

人与人的时间相同吗

我们总是觉得，所有的人都处于同一时间领域内，都受同一时间的支配，因而时间对每个人都是一样的。但是，时间真的如此平等，人与人的时间真的是一模一样的吗？

人和人之间是彼此独立的，每个人都处于各不相同的运动状态，正因为如此，我们可以说每个人都拥有各自不同的时间。如果这样理解，时间似乎是不公平的，这就打碎了人们对时间的平等性的信仰。我们用星球的转动来定义人类的时间，那当然对每个人都很公平，因为星球的转动是一种绝对客观的现象，只要星球还在转动，时间也就依然存在，而且这样一种时间适用于地球上的每一个人。但这并不代表人类不能拥有属于自己的时间，从出生到死亡，每个人的时间都是不同的，有人英年早逝，有人长命百岁。另一方面，人拥有的时间还由人自身的运动所决定，如果你的工作效率很高，你就可以在与别人相同的时间内完成更多的工作，这样你的时间就比别人的时间有更高的含金量，你的时间自然与别人的时间有所不同。

人生历程就是一个人拥有的全部时间。从一种绝对客观的角度来讲，每个人的时间都是相等的，但是你的时间能不能像别人的时间那样有价值，就取决于你自身了。我们应该充分地利用生命中的每一分钟，为这个社会做出自己的贡献。

时间与记忆有什么关系

记忆是人类心智活动的一种，代表一个人对过去的活动、感受和经验的印象与累积。记忆有很多种分类，主要根据环境、时间和知觉来分。下面我们主要讨论时间与记忆之间的联系到底是怎样的。

记忆就是客观存在，是世间万物一系列的变化在人脑中形成的痕迹和状态。人类的生命历程是一个不断地认识世界和改造世界的过程。认识世界的过程，就是人们将自己了解到的东西记忆在脑中的过程；改造世界的过程，就是人们将头脑中的知识运用到客观世界的过程。在人的生命历程中，记忆扮演着十分重要的角色，如果没有记忆，我们根本无法分辨和确认周围的事物。在解决复杂问题时，更是如此。时间是以运动为载体的，如果某个人经历了一系列事物的运动，那么对他而言，这就形成了记忆。因此可以说，记忆就是对过去的时间的感知，时间过去了，它留在我们的头脑中，这就是记忆。我们可以这样总结记忆与时间的关系：记忆总是紧随着时间的脚步，经历了时间，在这段时间中的经历就会形成人脑中的记忆。

▼ 西班牙画家萨尔瓦多 · 达利作品《记忆的永恒》

但是随着时间的推移，我们的记忆或许会消退，也就是说，越是古老的记忆就越是模糊和不清晰的。

小贴士

很多时候，你越是看重的东西、越是重视的事情，在你的记忆里越容易出现偏差，越容易变得模糊。

生命可以延缓或中断吗

在我们的印象里，生命就是从出生一直到死亡，这一阶段始终是延续的，不会延缓或中断。那么，会不会有哪种情况可能造成人类生命的延缓或者中断呢？

人体器官从身体里摘除之后，经过妥善的保管，可以再移入身体里并且存活下来。毋庸置疑，在保管时，器官是死的，但再次植入身体之后，器官就活了。对于这个器官来说，它的生命被中断过，然后又被重新开启了。人体不过是各种器官的结合，这种中断、重启的事会不会发生在活人身上呢？事实上，在人类历史中有很多关于冰封人复活的谜案。除此之外，冷冻的精子和卵子能够保持生命力而进行繁殖，保存千年的莲子可以继续发芽，冷冻保存的胚胎可以继续发育。这些都证明了生命运动也是可以延缓甚至中断的。

小贴士

冰封使“冷冻人”的时间变得非常慢，几乎接近于停止，而我们的时间流逝的速度却没有变。这就导致过了多年之后，“冷冻人”仍保持着当年的生命状态。

▼ 冷冻人

梦中的时间有什么特征

人在清醒的时候最能精确地感受到时间的流逝，感到时间一分一秒地消失。在人入睡的时候，梦境中也有时间，但是梦境中的时间却和我们白天的时间有很多不同之处。

梦是人在睡眠时想象出来的影像、声音、思考或感觉。梦的内容通常是人无法控制的，只有极少数梦的内容人们自己可以控制。梦可能由多种原因导致，在梦境中我们也有一定的意识，比如你梦到自己丢了钱包，就会在梦里想尽一切办法寻找，思考没有了钱怎么办之类的。更有意思的是，人还会在梦境中发现自己是在做梦。大体而言，梦中发生的事也是有一定逻辑的，和我们在白天做事一样，是一种“顺时间”的行动，发现自己丢了东西而寻找就是这样的。但是大多数梦境显得十分离奇，比如：你在现在的环境中梦到了许久以前的人，那个人可能是你小学的同学，也可能是你幼时的玩伴，一切都变了，连你都变了，但是他却没有变。这种梦中，时间就发生了“错乱”，更准确地说，是“时空”发生了错乱。

梦是发生在人类潜意识中的一种生理现象，人们根本无法运用自己的意识现实地操纵梦境，这就是梦中总是出现一些“错乱”场景的原因。梦就是碎片，梦中的时间也不是连续不断的，而是以一种碎片的状态出现。

第八章

离不开的奇形怪状

人类对形状的了解是从大自然中受到的启发，但是在将各种形状运用到各种物体的塑造之中时，人们却发挥了极大的主观能动性。模具是人类发明的一种可以批量生产某种形状的器具，魔方是一种通过形状的不断组合来提升人类智力的小玩具。人们将公园里的树木塑造成各种各样的园艺形状，在道路规划时人们也忘不了形状的运用。人们并非毫无道理地将各类形状逐一运用到生活之中去，在运用形状的过程中，会一再考虑某种形状的特性。比如杯子要做成圆柱形的，车轮要做成圆形的，而书本和纸币要做成长方形的。人类运用形状时到底又发挥了哪些智慧呢？

魔方有什么奇妙之处

魔方是一位名叫鲁比克的建筑学家和雕刻家发明的，又叫鲁比克方块，是很常见的一种益智玩具。很多人都喜欢玩魔方，到底是什么使魔方有了如此大的吸引力呢？

魔方看起来只是一个简简单单的方块，但是这个方块可真不简单。我们最常见的是三阶魔方，这种魔方有一个核心轴，由 26 个小正方体组成。在这 26 个小正方体中有 6 个中心方块，它们是固定不动的，只有一面有颜色；边角的 8 块 3 面有色，它们可

▶ 魔方

以转动；最外缘的12块2面有颜色，也可以转动。放在玩具店的时候，魔方每一面都具有相同的颜色。我们将它买走，只要转一下，小正方体的位置就会发生变化，每一面上的颜色也会变得不同。而我们要做的就是把打乱了的正方体通过转动，形成无数的排列组合，将它们恢复成六面全是单一颜色的状态。其实，把零乱的颜色方块恢复成原来的样子，是一个非常复杂的过程，但同时也是让人们开动脑筋的过程。因此，许多人才爱上了魔方。

小贴士

有人统计，一个三阶魔方可以变化43252003274489856000次。这意味着，如果以每秒钟转3下的速度转一个魔方，不计重复，需要转4542亿年才能转出魔方所有的变化。

在生活中用形状做指示有什么好处

自从人们对各种几何形状有了了解之后，就开始想方设法把各种图形运用到生活之中。因为在生活中运用各种形状，可以为人们提供许多方便。

形状最大的特点就是明确、简单。因此，人们在设计各种

▲▼ 指示标志

图标或是指示标志的时候，总会结合各种形状的特征并用图形代表一定的含义。就拿最常见的三角形来说吧，当我们站在电梯前的时候，有时会看到大小相同分别朝上和朝下的两个三角形。想上楼的人都会按下朝上的正三角，要到楼下去的人都会按下倒三角。这个形状虽然十分简单，但是却直直表达出了明确的指示。在十字路口，我们也总能看到马路上画着左转、右转的白色箭头，这些箭头的形状明确地指示开车的人在哪里转弯，规范了交通秩序。路政工人之所以用箭头来为人们指导行车的方向，而不直接写上“左转”“右转”这样的字样，一是因为箭头这种形状更直观，二是它们画起来也比较方便。

正是因为形状直观、易于制作而使得它们在生活中得到了广泛的运用。无论是在马路上、地图上还是建筑沙盘上，我们都能找到许多用来指示的形状。

“环形”在交通规划上有什么特殊用处

在我们的城市中，不但有一条条宽敞笔直的马路，有时候还会看到立交桥、潮汐车道之类的交通规划模式，二者能够很好地起到疏通车流的作用。除了立交桥和潮汐车道之外，我们还能在道路的尽头或是几条道路交会的地方看到大大的“环形”，这个“环形”到底有什么用呢？

交通规划中的“环形道路”在生活中被人们称为“环岛”，

▲ 环形道路

车辆走到这里要绕着环形走，在走到自己要去的方向后离开环形，进入相应的车道。

生活在都市中，我们每个人对十字路口都不陌生。其实，环形道路和十字路口的作用很像。十字路口设有红绿灯，来自不同方向的车辆根据红绿灯的指示或停或行。环形路口不设置红绿灯，车行到这里不需要停下来，只要按照箭头指示的方向绕着环形转圈就可以。比如，一辆车来到一个环岛处，如果它是从西面来的，要到南面去，那么它只需向右转过 1/4 个环形，然后驶入向南去的大道就可以了；如果它是要往东去，那它需要绕过 1/2 个环形，驶入向东的道路，继续前行。

环形道路的设置可以缓解交通拥堵，减少车辆的行驶冲突。

因此，在那些车流量不是太大的路口，环形道路就成了立交桥和潮汐车道的替代品。

斑马线在交通标志中为什么被一再使用

当我们站在十字路口时，往脚下一瞧就能看到一条斑马线；在有铁路经过的路段，我们也能看到斑马线。斑马线在交通标志中为什么被一再使用呢？

人行横道是为了在车行道上保证行人的正常通过而设置的，

▼ 斑马线

人行道的作用是引导行人安全地过马路。人们把人行横道叫作“斑马线”，因为它是由一道道白色的横线组成的。如果有人认为，斑马线的存在就只是为了划定一个区域让行人在此区域内通过，那可就大错特错了。如果仅有这样一个目的，路政工人大可把人行横道全部涂成白色。其实，之所以使用斑马线，是为了给行人一个提醒。提醒什么？提醒他们前面就是马路了，要注意车辆，看看红绿灯，看看是不是该行人走。斑马线都是横着的，横着的条状图形给人一种“阻止”的感觉，提醒人们停一下，不要急着走。与横向图形相比，交通中纵向的图形则给人一种“引导”的感觉，这就是车行道里的线条大都是纵线的原因。

其实，除了人行横道会用到斑马线之外，小区的横栏、铁路口的横栏等也都使用斑马线。这都是因为斑马线能给人带来“阻止”的提示。

闪电图形一般表示什么

在雷雨天气中，一条条曲曲折折的闪电是大自然在雷雨中创造的形状，人们从大自然中撷取了闪电的形状，广泛地运用到生活的各个领域。

像闪电这样奇怪的形状能用在什么地方呢？其实用得着闪电形状的地方还真不少呢！在控电箱上，我们总能看到一个红色

▲ 警示标志

的闪电标志。一个有棱有角的闪电标志，再加上大红色的巧妙运用，使人看了不禁感觉要小心谨慎。闪电图形经常被用在提示“危险”的标志上，比如“高压危险”“有电危险”之类的。

为什么人们通常把闪电用在提示危险的地方呢？这是因为闪电图形本来就能够给人以危险感。在雷电交加的夜晚，黑暗恐怖的天空中突然划出一道曲曲折折的闪电，令人觉得可怕恐惧。正是这种原因闪电图形经常被用来提示危险。

因此，即使一个标志上什么字也没写，只画了一道曲曲折折的闪电，人们看到之后也会明白这是一个危险提示标志。

杯子为什么大多是圆柱形的

我们平时用的水杯无论金属的、玻璃的还是塑料的，大多数都是圆柱形的，只是造型上稍微有点小变化。如果我们到超市卖水杯的货架上看一眼，就会发现那里的水杯也多是圆柱形的。人们为什么不把杯子设计成棱柱形或是长方体状的呢？

在三角形、正方形和圆形中，如果周长相同，那么制作出的图形，圆的面积最大。在三棱柱、四方体和圆柱体三种形状中，如果材料用量相同，那么圆柱形的杯子容积最大。而且，将杯子

▼ 杯子

做成圆柱形，杯子盖也是圆柱形的，这样杯子盖上盖以后，可以顺着螺纹拧上几圈，水就不会流出来了。另外，与三角形和正方形相比，圆形的弧度正好与人的嘴形相吻合，喝水时不会有水流出，而且不容易伤到嘴唇。除此之外，把杯子做成圆柱形，在我们握着杯子的时候就不会被硌到手，也不会觉得不舒服。

小贴士

此外，圆柱形的杯子要比三棱柱形或是立方体形的杯子容易生产。因为在所有的形状中，圆形的模具最容易做。

车轮为什么要设计成圆形

自行车、三轮车、汽车，虽然它们的形状和功能各不相同，但是所有的车子都有一个共同点，那就是它们的轮子是圆形的。我们从没见过哪辆车的轮子是三角形或是方形的。人们为什么把车轮做成圆形的呢？

把圆规的针插在白纸上，捏着圆规柄轻轻转动，当线的两端交会在一起时，一个圆就画成了。圆有什么特点呢？圆上任意一点到圆心的距离都相等，这也就是说，如果我们把车轴放在圆心上，车轮无论怎么转，车轴离地面的距离都是相等的。如此一来，车子跑起来才会保持平稳。

除了平稳之外，把车轮做成圆形，还有其他一些原因，当一件东西在地上滚动的时候，要比在地上拖着省力气，这是因为滚动摩擦阻力比滑动摩擦阻力小。

▼ 马车

书为什么通常设计成矩形

书籍是人类进步的阶梯。这句话并不是说一本本书可以堆放在一起形成一条长长的阶梯供人们行走，而是说，我们可以通过读书获取许多使人进步的知识。但是，现实生活中的书的确是可以堆砌成阶梯的——因为几乎所有的书都是矩形的，它们看起来很像砖块。

人们为什么要把书设计成矩形呢？其实，书是什么形状是根据书的材料而定的。在古代欧洲，人们喜欢在羊皮上书写，所有书籍的形状就是羊皮的形状；在古代中国，人们喜欢在竹简上写字，所以书籍都是一卷一卷的竹简。后来，蔡伦改进了造纸术，书籍才渐渐地有了固定的形状。但是人们为什么不把书籍做成圆形、三角形或是别的形状，而是将书籍做成矩形呢？因为矩形的书页容易制作，而且最节省纸张。如果不信，你可以找来一张纸试试，要把它变成两个矩形，只需要对折一下，拿刀一裁就可以了；如果把它制成两个圆形，肯定要多裁掉一些。把书制成矩形，装订起来也很容易、很简单。

把书籍设计成矩形，还有其他的好多原因。比如说，只有把书籍做成矩形，我们把书摆在书架上的时候，它们才能放得平整，难道不是吗？

▲▼ 矩形的图书

剪纸中有哪些常见的形状

剪纸是中国民间的一项传统手工艺术，在装饰和造型方面体现了很强的艺术性。剪纸无论是装裱起来，还是直接贴在墙上或是玻璃上都显得十分美观。剪纸之所以有如此多的形式，要归功于各种形状在剪纸中的运用。

如果想剪一个双喜字，或是一个扇形的剪纸花样，那就只需要将正方形纸对折一下就可以了。如果你想剪出圆形的图案，那就需要将正方形纸对折两次，即先对折成矩形，然后再将矩形对

▼ 剪纸“囍”

折成正方形。这样一来，你只需要剪出圆形图案的1/4，整个圆形图案的剪纸就大功告成了。

在剪纸之前，往往在纸上先画上要剪的花样。我们事先把要剪的纸张对折1次，这样许多形状都只需要剪一半，如在剪蝴蝶、树叶、桃子之类的对称图形时，人们会在对折好的剪纸上先画上半个形状，等剪好之后，一展开就是一个完整的图形了。

各种形状的运用使剪纸变成了一种内容丰富、形式多样的民间艺术。善于思考的劳动人民将自己在大自然中见到的形状，运用到了艺术创作之中。

有没有立方体西瓜

如果告诉你，这个世界上有立方体西瓜，你相信吗？西瓜都是圆的，怎么会有立方体西瓜呢？

我们平时见到的西瓜都是椭圆形的，它们圆圆的样子，和方方正正的立方体根本一点也不像。但是人们开动脑筋，的确种出了方方正正的西瓜。种立方体西瓜需要方方正正的立方体木盒子，这种盒子是用木板制成的，盒子的长、宽、高根据西瓜的大小而定。如果某品种的西瓜能长得很大，那就把木盒子做得大一些，如果某品种的西瓜个头小，那就把木盒子做得小一些。当西瓜还没太长大的时候，瓜农会把西瓜放在木盒子里，再将盒子所有的面都堵上，只在瓜蒂那儿留个小孔。接下来，就让西瓜们接着长个儿吧！西瓜在箱子里长呀长，它们顶到木盒子的那一面会停止生长，其他的地方则朝着木盒子的角落接着生长，直到撑满整个木盒子，就成为一个立方体西瓜了。

小贴士

为什么要把西瓜弄成立方体的呢？因为当人们买西瓜的时候，很可能会被方方正正的立方体西瓜所吸引。同时，立方体西瓜也便于运输。这就是人们在生活中巧用形状的例子。

▼ 立方体西瓜

钉子的头为什么是尖的

生活中，我们可以用钉子把两个木质结构的东西连接起来。没有钉过钉子的人，可能只对钉子帽比较熟悉，因为我们从木质桌椅上看到的钉子其实是只有钉子的帽。钉帽圆圆的、扁扁的，但是钉子的头却是尖尖的。钉子为什么会“长”成这种模样呢？

其实，钉子是由楔子演变来的，楔子就是一种用木头削出来的尖木锥，形状很像倒三角形。钉子之所以可以钉进木头里，和尖木锥一样，就是因为它们有一个尖尖的头。在物理学上，压强

▼ 各种型号的钉子

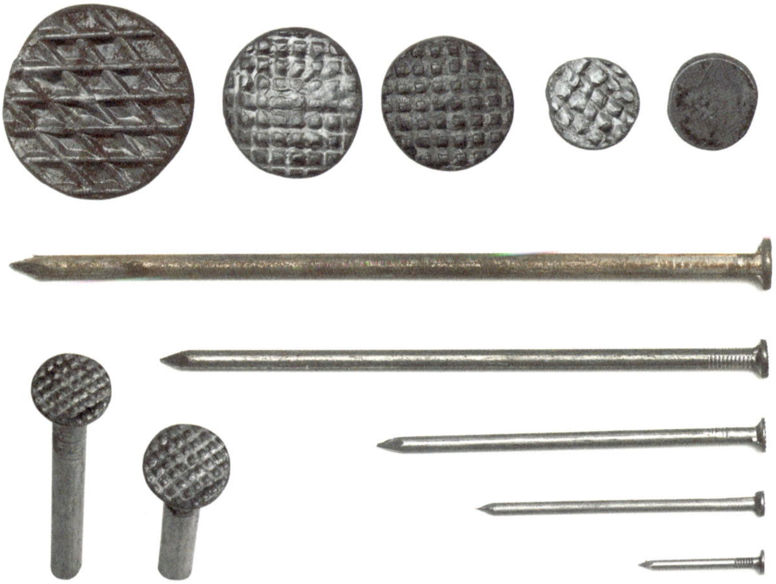

和受力面积是成反比的，也就是说，受力面积越小，压强越大。那么钉子的头越尖，当木工钉钉子的时候所产生的压强就越大。在用相同力的情况下，压强越大，所产生的压力就越大。因此，如果钉子的头非常尖，那么钉子就很容易被钉进木头里。

钉子呈尖锥形，钉子头最尖，钉子帽则是平平的。这是因为只有这样，才能保证钉子足够结实，不会在钉的时候折断。钉子的圆帽也使钉子钉起来比较容易，即每一次敲打，圆圆的钉帽就会尽可能地承担更多的力量，再把那些力量集中传递到钉子尖上。

酒瓶的脖子为什么做成细长的

啤酒、红酒还有白酒大多是装在玻璃瓶中的，虽然酒瓶的外观上稍微有一些不同，但是它们都有一个共同的特点，那就是有一个细长的脖子。这就是“瓶颈”一词的来源。

为什么要把酒瓶的脖子做成细长的呢？让现代人来解释这个问题的确有些难度，因为长脖子的酒瓶是古代人发明的。在古代，没有现在这样的封口技术，人们为了能够让酒多保存一段时间，就把酒瓶做得细细长长的。因为这样一来，进入酒瓶中的空气就相对减少了，细菌自然就少了，酒就不容易变质了。我们也可以想一想化学实验室里的长颈瓶，这种瓶的作用就是尽量减少瓶内的化学物质接触外界的空气。事实上，化学实验室中不但有长颈瓶，还有曲颈瓶，它们的作用都是一样的，不过后者防止化

细长脖子的酒瓶和杯子

学药品变质的效果要更理想一些。

后来人们发明了用软木塞、瓶盖来密封瓶口，细脖子的酒瓶使用了这些材料，更能防止酒变质。另外，长脖子的酒瓶看起来也十分优雅。

地板砖的形状为什么大多是正多边形的

无论是在室内还是在室外，我们总能见到各种各样的地砖。铺地砖的地面要比水泥地漂亮得多，因为地砖不但有各式各样的

▲ 地板砖

花纹，还有不同的形状。

但是如果仔细观察一下就会发现，虽然地砖的形状各不相同，但是它们大多是正多边形的。为什么会这样呢？几何学研究表明，虽然形状多种多样，但是在所有的形状中，只有正多边形能够很好地衔接在一起。这是因为正多边形的各个边都是相等的。人们在生产地砖的时候是利用模具进行大规模生产的，生产一批地砖，如果形状完全相同肯定会节约许多成本。另外，如果地砖的形状是正多边形，那么工匠们铺设起来也会十分方便，不必时时刻刻计算地砖的摆放角度。如果我们再进一步观察就会发现，在所有正多边形中，最常用的是正三角形、正方形和正六边形这三种。这是因为，在所有的正多边形里，只有正三角形、正方形和正六边形能够使镶嵌出的平面没有空隙。

在这三种正多边形中，室内地砖多采用正方形，这是因为屋子里的地面是一个相对狭小的长方形区域，用正方形的地砖铺设，可以最大限度地减少切割和拼贴的工作。

▲▼ 海螺

螺号为什么能发出声音

在古代要打仗的时候，军队里的螺号手就会吹响螺号，召集大家来集合。那么，螺号为什么能发出如此高亢悦耳的声音呢？

虽然螺号有大有小，样貌也不尽相同，但是它们都是螺旋形的。其实，除了人工制作的螺号之外，螺号大多是用各种大小不同的海螺做成的。把一只海螺做成螺号是一件非常简单的事，只要在螺号的螺塔顶部打个孔就可以了。为什么一只海螺打了个孔，一吹就能发出悦耳的声响呢？这和海螺内部的特殊结构有很大关系。海螺内部也呈螺旋形，一层一层的贝壳叠加环绕而成，当我们往海螺里吹气的时候，气流就会冲撞海螺的内部，在各个层面上一再撞击、回响，等它再传出来的时候，就变成十分悦耳的声音了！

小贴士

乐器之所以可以发出声音，都和乐器本身的形状有关。钢琴的后面有一个非常大的共鸣箱，吉他、小提琴之类的弦乐器也是靠着自己的“空肚子”在加强弦音的效果。

▲ 不同样式的鱼钩

▼ 钓箱

鱼漂的形状有什么讲究

喜欢钓鱼的朋友对鱼漂都不陌生，鱼漂又叫鱼浮，是一种用孔雀羽、芦苇等材料制成的可以漂浮在水面上的小东西。但是小东西大有讲究，现在让我们一起来看看鱼漂有什么学问吧！

鱼漂由漂脚、主浮体、示标三个部分组成，主浮体上涂有防水的材料，以防主浮体浸水后变沉失去浮力。鱼漂的这三个部分组合在一起，看起来就像一个织布的梭子，两头尖尖的，中间最鼓。虽然所有的鱼漂都长得大同小异，但是根据需要，钓鱼的人会选择不同的鱼漂。“长身漂”是一种专门用来钓深水鱼的鱼漂，它的主浮体细而长，示标也又细又长，漂脚长度适中。因为呈现细长的形状，所以这种鱼漂放在水中之后，受到的阻力非常小，稳定性较强，非常适合钓深水鱼。“短身漂”又叫“枣核漂”，这种鱼漂“长”得圆圆的，又粗又短，适合钓生活在水里中上层的鱼。除此之外，鱼漂还分为“软身”和“硬身”。

但是无论怎么变化，鱼漂都是呈现两端尖、中间鼓的形状，正是因为这个形状使得鱼漂可以发挥它的作用。如果一个人想钓到大鱼，必须好好考虑鱼钩的重量和鱼漂浮力的大小，这样才有可能钓到大鱼。

我国古代的铜钱为什么外圆内方

我国古代的铜钱和现在的硬币一样，也是圆形的，它们的不同之处在于，铜钱的内部有一个方方正正的孔。古人为什么要这样设计铜钱的形状呢？

在古代人的眼里，一直有一个十分朴素的世界观，这就是"天圆地方"，因此古人在设计东西的时候，总是喜欢用"方形"和"圆形"这两种形状。"方圆"还有"规矩"的意思，所以才会有"无规矩不成方圆"的说法。我们中国人有一套做人准则，

▼ 铜钱

“外柔内刚”就是其中一条，“圆形”的弧度有一种“柔”的感觉，而“方形”则让人联想到“刚正不阿”。

除此之外，铜钱这么设计还有一种对称的美感，便于在铜钱上书写文字。把铜钱铸成外圆内方的形状，还考虑到了使用上的方便。在古代，铜钱是一种币值很小的货币，人们要买东西，往往要花十几枚甚至几十枚铜钱，这么多铜钱怎么拿呢？对于古人来说，这可不是什么难事，他们通常找根细绳将铜钱一个个穿起来，不但易于携带，而且不易丢失。

真是想不到，连小小铜钱的形状都有这么多的讲究。这个世界是由千千万万的图形构成的，每个图形的背后，都有深厚的文化内涵在里面，只要我们善于观察、勤于思考，一定会感悟到的。

现代纸币为什么多为长方形

无论是五角纸币、一元纸币还是百元纸币，无论是人民币、美元还是英镑，所有的纸币都是长方形的。为什么纸币不是三角形、正方形或是圆形的，而是长方形的呢？

首先，我们必须明白一个问题，那就是选择直线作为纸币的边有助于节省纸币材料，如果把纸币制成圆形，会浪费掉许多纸。其次，人们之所以选择方形而不选择三角形，是因为如果纸币被制成三角形，三角形的三个锐角非常容易折损，但是方形的四个角是直角，与锐角相比折损的可能性就更小一些。那为什么

▲ 纸币

不把纸币制成正方形，而要制成长方形呢？把纸币制成正方形的确也可以起到节约纸张以及不易折损的目的，但是却不符合人们的审美观。与正方形相比，长方形的形状更加接近黄金分割，更符合人们的审美观，因此才被选中。况且与正方形相比较，长方形的纸币无论是数起来还是折叠起来都更加容易，给人们带来了许多方便。

长方形钞票拿在手上也不易掉落，一打一打地捆扎起来也方便。正是因为如此，世界上各个国家的钱币都是长方形的。

钻石一般是什么形状的

钻石是一种非常璀璨的宝石，我们在钻石店里看到的都是经过细心切割、形状精巧的钻石，但是你知道吗，未经切割的天然钻石都是不规则的。这就涉及一个问题，人们往往将钻石切割成什么形状呢？

无论将钻石切割成圆形、正方形、祖母绿形还是心形，切割钻石的匠人都必须遵守一条原则，这就是按照正确的外形、轮廓、比例等要素来切割。只有这样，才能将一颗天然钻石切割成尽量大、不含瑕疵、形状完美的钻石。无论一颗钻石呈现什么轮廓，它都是一个多面体。钻石为什么没有像珍珠那样的纯圆球形的呢？这是因为，如果将钻石切割成球形，至少有三点不足，一是钻石的尺寸会严重缩水；二是它不符合钻石的经典形象；三是球形的钻石绝对不会像有无数切面的钻石那样闪亮。在一颗钻石中，单是钻石的冠部就有 33 个切面，它们分别是 1 个桌面、8 个星面、8 个风筝面和 16 个上腰面。

▼ 未加工的钻石

正是因为钻石有如此之多的切面，当光线照在钻石上的时候，这些切面才能“尽情”地反射光线，看起来异彩纷呈。也许，多切面的图形特征就是许多人选择钻石的原因吧！

为什么很多建筑物都是矩形的

虽然出现了许多诸如鸟巢、国家大剧院、悉尼歌剧院之类造型独特的建筑物，不可否认的是，世界上大多数建筑物仍然保持

▼ 建筑物

着矩形的传统外形。在都市里建设商业楼或居民楼时，也仍旧会选择矩形作为建筑物的主要形状。

矩形建筑物到底有什么好处呢？首先，我们不可否认，将楼建成矩形，可以最大限度地减少建筑的难度，并最大限度地保持建筑的稳固性。因为，再也没有比直线墙更容易砌的了，只要楼建得横平竖直，这座楼的稳定性就有了基本保障。矩形的建筑物对风、振动的抵抗力较强，不容易受到外力的损坏。此外，楼建成矩形，那么每一户的户型也就相应地成了矩形，矩形的室内可利用的空间相对较多，而且有利于人们根据自己的需要合理地摆放家具。在古埃及，法老们把金字塔建成三角锥形，三角锥形是非常好的一种形状，而且十分坚固——甚至比矩形建筑还要坚固。为什么我们不把楼房建成金字塔形呢？一是因为这种形状建起来并不简单，需要不断地测量；二是如果把楼房建成金字塔形，那么住在一楼的人有很大的空间，住在顶楼的人可就惨了。

矩形楼房是根据现代都市生活的需要建成的，弯曲的建筑会使人们在选择楼层时费尽脑筋，矩形楼体上的每一层面积都相等，而且容易重新划分，大家选择起来也比较容易。

为什么我国南方的屋顶比较陡

对于北方人来说，南方的建筑有一点让人很难理解的地方，那就是屋顶太陡了！难道是南方人喜欢尖屋顶，所以才把屋顶建

▲ 徽式民居

得那么陡吗？

事实并非如此，我国以“秦岭—淮河”一线分为南方和北方，南方阳光雨水都相对丰富，夏天还会经历长达 1 个月的梅雨季节，因此盖房子的时候，人们就会首先关注遮阳、避雨、通风、防潮这些事项。这就导致了南方的建筑与北方的建筑在很多地方都不相同。其中最明显的就是屋顶的坡度。南方降水多，盖房子的时候，人们会把屋顶的坡度建得较大，因为这样有利于及时排水，下再大的雨，屋顶上也不会积水。

此外，南方的建筑房檐一般比较宽，这也是出于防水防潮的目的。在夏天的傍晚，一家人还可以在房檐下吃饭、谈天说地，真是其乐融融。

桥为什么大多是拱形的

随着人类建筑技术的发展，桥的形式变得多种多样，但是无论一架桥怎么修饰，如何变形，都是以拱形为基本形态的。

人们为什么喜欢把桥建成拱形呢？这是因为拱形结构承受力很强，跨越能力大，十分坚固，不易毁损。两点之间，直线最短，而拱形上的弧线一定比直线长。因此，当一个物体向这个弧线施

▼ 拱桥

压的时候，它所受的压力被弧线有效分散，减少桥墩的受力。桥建成拱形，它的下面就会形成一个半圆形的空间，这样湍急的流水就可以顺畅地从桥洞里流过，有效地减少桥所受的阻力。

人们之所以把桥的形状建成拱形，除了结实之外，拱形的造型看起来也比较美观。人们对各种形状的运用，往往是集实用和美观为一体的过程。这些形状的运用不但使周围的建筑既结实又实用，而且还呈现出各种不同的形态，丰富了我们的视野。

电动推拉门为什么由菱形组成

但凡是用来居住的建筑都建有门，无论是木门还是铁门，无论材质怎么变化，门的形状大多是长方形。但是的确有一种门是由很多菱形构成的，这就是电动推拉门。

要想弄清楚为什么电动推拉门是由菱形组成的，我们首先要弄明白菱形有哪些特性。在四边形中，菱形的四条边都是相等的，而且它的对角线是互相垂直平分的，因而与其他四边形相比，菱形是相对稳定的。但是相对稳定并不代表着菱形无法发生变化，菱形是可以变化的。它的两个对角变得越来越小，另外两个对角就会变得越来越大，但是只要到了一定程度，任你再怎么挤压、拉伸，菱形也不会再改变自己的形状了。这就是菱形相对稳定性的表现。捏住菱形的对角拉伸，它就会变“胖”或是变“瘦”，但是无论如何拉伸，即使变成方形它也仍然是一个菱形。

既然仍然是一个菱形，那么它的顶点就不会发生变化。这样，一个由若干菱形组成的推拉门，无论是拉伸还是挤压，连接各个菱形的那些顶点都不会发生改变，因此推拉门就一直紧密地连接在一起而不会散架。

大型飞机的形状为什么看起来像鸟

为什么大型飞机看起来像鸟？把飞机设计成这样的形状，对飞机在天空中飞行有什么帮助吗？

鸟儿能在天上飞翔与它们的身体构造——翅膀、身体和尾巴的形状与功能不无关系。最初设计飞机的人们就是从鸟儿身上得到灵感，通过简单仿生学制作出了最早的飞机。当然，飞机并不能像鸟儿那样扇动翅膀。飞机要飞起来就必须有足够的动力支持，飞机的机翼的设计就是为了给飞机提供足以飞上天并在空中长时间飞行的升力而制造的。

小贴士

飞机的机身往往都设计成流线型。这是因为在飞行的时候，流线型的外形可以最大限度地减少阻力，阻力小了，飞机就可以飞得高、飞得稳了。

▲ 展翅翱翔的海鸥

▼ 飞机

扑克牌上的形状各代表什么意思

扑克牌上有黑桃、方块、梅花、红心四种形状。这四种形状究竟代表着什么意思，人们众说纷纭。

在英国人看来，这四种形状中，黑桃象征用来耕种的“铲子”，方块象征富贵的“钻石”，梅花象征好运的“三叶草”，红桃象征爱情的“红心”。意大利人则将这四种花色理解为宝剑、硬币、权杖和酒杯。法国人则将这四种花色理解为矛、方形、丁香叶和红心。

▼ 扑克牌

为什么要以这四种图形作为扑克牌的花色呢？对这个问题的争论或许比四种花色代表什么更激烈。有一种说法是，黑桃、方块、梅花和红桃分别代表人类社会的四种职业：黑桃就像长矛，因此象征军人；梅花代表三叶草，象征农业；方块很像工匠手中的砖瓦，代表工业；而红桃则代表红心，象征牧师。

另一种说法是：黑桃代表宝剑，象征正义；梅花代表权杖，象征权力；方块代表钱币，象征财富；红桃代表圣杯，象征爱情。

标点符号的形状有什么特征

人们在使用文字时，为了更利于读懂句与句之间的意思，发明了标点符号来断句。不同的标点，有什么样的特征呢？

每个标点都有独特的形状，也都能表达独特的含义。无论是在中文还是英文中，句号都是圆形的，但又有所不同：中文里的句号是空心的圆，英文里的句号是实心的圆点。之所以把句号写成圆形，是因为圆形给人一种圆满、终结的感觉，一句话写完了不就圆满了吗？逗号是一个实心的圆点，再加一条小尾巴，使逗号和句号区别开来。逗号的小尾巴给我们一种待续、未完的感觉。破折号是一条长长的直线，给人一种停顿感，其后的内容要么是进一步解释说明，要么形成转折等。感叹号的形状像一根倒放的小棒子再加一个实心的圆点，让人一看就觉得这个符号表达了感叹、惊讶、兴奋等较为强烈的情绪。

这些小小的标点，与文字相辅相成，不但使写出的句子显得顿挫有致、表义明确，还为阅读增添了不少趣味。如果一个人善于运用标点，一定会给文章增色不少。

“@”符号有什么特殊意思

现在，人们对“@”这个符号越来越熟悉。与键盘上其他的字母和符号比起来，“@”显得特立独行。它由英文字母 a 和一个近似圆圈的曲线组成，既像一个字母又像一个形状。“@”这个符号到底表示什么意思呢？

“@”这个符号是英文单词“at”的一种缩写，含义和“at”一样，表示“在”的意思。“@”这个符号在互联网上经常被用到，尤其是在电子邮件往来中更为常见。“@”是用户名和邮件服务器的域名之间的分隔符，只有将它写进邮箱地址之中，用户名和邮件服务器才能连接起来，电子邮件才能顺利地进入互联网而到达对方的邮箱。

“@”这个符号是看起来既简洁又时尚，很适合在互联网上推广使用。它以英文字母 a 为核心符号，也被赋予创始、开始的意义，再加上字母 a 被环绕着，使得这个符号又有了包罗万象以及将世界囊括在一起的寓意。

随着时间的发展，网民们还赋予了“@”其他意思。比如，这个符号在人们交流中，被用来表达心情愉快等乐观向上的情绪。